GUÍA PARA SUPERVISIÓN TÉCNICA DE PROYECTOS DE CONSTRUCCIÓN

ANDERSSON RINCÓN MOLINA

&

WILLINGTON MÉNDEZ ZUÑIGA

Copyright © 2022 Andersson Rincon Molina & Willington Mendez Zuñiga
Todos los derechos reservados.
ISBN: 9798848458190

Dedicatoria

Esta obra está dedicada a Dios, a los arquitectos, ingenieros y constructores del universo y del destino, a la familia, amigos, compañeros, país, empresas y maestros que han dado forma a nuestra experiencia y conocimiento. , a todos aquellos que directa e indirectamente interfieren en nuestra vida contribuimos a nuestro perfeccionamiento personal, profesional y social en el largo camino de la vida, y de nuestro destino, con el que debemos conformarnos contribuyendo a su realización y felicidad a través de nuestra trayectoria profesional en construcción, arquitectura e ingeniería.

GUÍA PARA SUPERVISIÓN TÉCNICA DE PROYECTOS DE CONSTRUCCIÓN

Contenido

Dedicatoria 4

Agradecimientos 20

Introducción 21

Capítulo 1 - Normatividad Legal Aplicable 23

    Reglamentación Vigente 25

Capítulo 2 - Documentación de la Supervisión Técnica 26

Capítulo 3 - Alcance de la Supervisión Técnica 28

Capítulo 4 - Controles Exigidos 29

    Control de Planos 29

    Control de Especificaciones 30

    Control de Materiales 31

    Ensayos de Control de Calidad 31

    Control de Ejecución 32

Capítulo 5 - Procedimiento para la Realización de la Supervisión Técnica 33

    Plan de Supervisión Técnica 33

    Organización y Archivo de la Información de Supervisión Técnica Independiente 35

Ejemplo de la Realización: Control de Planos 37

    Ejemplo Ilustrado 40

Ejemplo de la Realización: Control de Especificaciones 42

Ejemplo de la Realización: Control de los Materiales 47

Ejemplo de la Realización: Control de Calidad 50

    Plan de Control de la Calidad 50

Ensayos de Control de Calidad 54

Mampostería 55

Concreto 57

    Frecuencia de los Ensayos 57

    Evaluación y Aceptación del Concreto 64

    Ejemplo de Análisis para la Aceptabilidad del Concreto 64

    Criterio 1 65

    Criterio 2 66

    Gráfica Primer Criterio de Aceptación del Concreto 75

    Gráfica Segundo Criterio de Aceptación del Concreto 75

Acero de Refuerzo 76

    Evaluación y Aceptación del Acero de Refuerzo 77

        Marcado 78

        Resaltes 80

        Tracción 80

        Doblado 81

        Composición Química 82

Verificación del Producto por Parte del Comprador 82

Materiales para Rellenos de Estructuras de Concreto 92

    Tipos de Materiales de Relleno 93

        Suelos ó (Roca Muerta) 95

        Recebo (Re) 99

        Materiales Granulares tipo Sub Base Granular (SBG) ó Base Granular (BG) 102

Elementos No Estructurales (ENE) 109

    Factores a Tener en Cuenta en el Diseño y Construcción de Elementos No Estructurales. 112

    Tipos de Anclaje según el Valor de Rp Permitido para el Elemento No Estructural 115

    Elementos de Conexión para Componentes No Estructurales 116

    Grados de Desempeño que están Condicionados a los Grupos de Uso 119

        Superior 119

        Bueno 119

        Bajo 119

    Ejemplo 1 120

    Ejemplo 2 121

    Criterios de Diseño de los Elementos No Estructurales 121

        Separarlos de la Estructura 121

        Disponer Elementos que Admitan las Deformaciones de la Estructura 123

    Grupos de Elementos que Enuncia la NSR- 10, y que se Debe Tener en Cuenta para su

Anclaje y Estabilidad Ante el Sismo 125

Planos Constructivos y Técnicos donde se Encuentran y Especifican las Fijaciones ó Anclajes de los Elementos No Estructurales 127

Diferencia entre ser Responsable para la Materialización de los Elementos No Estructurales y la Responsabilidad del Diseño y los Cálculos. 129

Responsable para la Materialización de los Elementos No Estructurales. 129

Responsable del Diseño y los Cálculos de los Elementos No Estructurales. 129

Tipos de Mampostería en que se Pueden Hacer los Muros No Estructurales 130

La Manera de Anclar un Muro No Estructural Hecho en Bloque # 5 (Perforación Horizontal) a las Placas Inferior y Superior 130

    Mantenimiento: 131

    Clasificación: 131

Ejemplo de Verificación de Elementos No Estructurales (ENE) Soportes para Instalaciones Hidrosanitarias 132

Grupo de Uso 134

El Coeficiente de Importancia 134

Clasificación en uno de los Grados de Desempeño 135

Grado de Desempeño Mínimo Requerido 136

Criterios para el Diseño 136

Cálculo de Fuerza Sísmica de Diseño 138

Valores del Coeficiente de Importancia I según NSR-10, Titulo A, Tabla A.2.5-1 142

Resumen de Parámetros 143

Anclaje de Soporte N°1 (Soportes Platina) 145

Anclaje ³/₈" de Soporte N°2 (Soportes tipo Cuelga y Tecna) 147

Anclaje ½" de Soporte N°3 (Soportes tipo Cuelga y Tecna) 148

Conclusión Anclaje de Soporte N° 1 154

Conclusión Anclaje de Soporte N° 2 154

Conclusión Anclaje de Soporte N° 3 154

Ejemplo De La Realización: Control De Ejecución 156

Replanteo 156

Estado De La Cimentación Y Su Conformidad Con Lo Demostrado En Los Estudios Geológicos Y De Ingeniería, Dimensiones Geométricas. 156

Instalación De Obras Falsas Y Encofrados De Formaletas, Beneficios Conforme A La Capacidad De Soportar Las Cargas Que Se Les Impone Y La Seguridad Que Brindan..... 157

Instalación De Aceros De Preesfuerzo Y/O Refuerzo. 158

Mezclado, Transporte Y Colocación Del Concreto. 159

Levantamiento De Muros De Mampostería, Sus Respectivos Aceros De Refuerzo, Morteros De Relleno Ó Inyección (Grouting) Y Morteros Pega. 162

Elementos Prefabricados. 166

Las Estructuras Metálicas, Incluyendo Sus Soldaduras, Pernos Y Anclajes. 166

Requerimientos Y Especificaciones Técnicas Que Se Deben Tener En Cuenta Según Códigos Y Estándares De Referencia Bajo La NSR-10. 167

Capítulo 6 - Bitácora de Obra 168

Formato de las Bitácoras y Condiciones que Debe Cumplir 168

Componentes y Reglas Importantes y Llevado de Bitácora de Obra 169

Capítulo 7 - Certificado Técnico de Ocupación 173

Capítulo 8 - Elaboración de Presupuesto para la Realización de la Supervisión Técnica 179

El Grado de Complejidad 179

La Formulación del Costo 181

Administracion, Imprevistos y Utilidad A.I.U 182

Referencias 185

Acerca de los Autores 187

Glosario de Términos 188

Anexos 189

Lista de Figuras

Figura 1 Esquema para el archivo digital de la documentación solicitada por la supervisión técnica. 36

Figura 2 Ejemplo de formato para control de planos y registro. 40

Figura 3 Ejemplo formato para verificación de criterios para control de planos. 41

Figura 4. Especificaciones técnicas definidas en planos. 46

Figura 5 Asentamiento. 58

Figura 6 Consistometro Vebe. 58

Figura 7 Probetas de Ensayo. 59

Figura 8 Ensayo Compresión. 59

Figura 9 Equipo Ensayo Penetración de Agua Bajo Presión. 60

Figura 10 Rotura Probeta Tracción Indirecta. 60

Figura 11 Frente Homogéneo. 61

Figura 12 Determinación de Recubrimiento. 61

Figura 13 62

Figura 14 Medida de Transmisión Directa Ultrasonido. 62

Figura 15 Medida de Transmisión Indirecta Ultrasonido. 63

Figura 16 Gráfica resultados de aplicación del primer criterio. 75

Figura 17 Gráfica resultados de aplicación del segundo criterio. 75

Figura 18 Paquetes de barras de acero de refuerzo listos para enviar a laboratorio de ensayos. 77

Figura 19 Ejemplo de marcado de barras sistema inglés. 79

Figura 20 Ejemplo de marcado de barras sistema métrico. 79

Figura 21 Relleno para estructura. 92

Figura 22 Suelo para relleno de estructura (Roca Muerta). 95

Figura 23 Material de recebo. 99

Figura 24 Material granular tipo SBG Ó BG. 102

Figura 25. Muros de fachada. 112

Figura 26 Muros interiores. 113

Figura 27 Antepechos, Aticos. 114

Figura 28 Aplicación de epóxico y anclaje de dovela. 117

Figura 29 Muro de fachada separado de la estructura, no admite deformaciones. 122

Figura 30 Muro interno separado de la estructura, no admite deformaciones. 122

Figura 31 Muro de panel yeso separado de la estructura, no admite deformaciones. ... 123

Figura 32 Unión muro no estructural con muro estructural concreto, admite deformaciones. 124

Figura 33 Unión muro no estructural mampostería con muro estructural concreto, admite

    deformaciones. 124

Figura 34 Anclaje de tubería hidrosanitaria, RCI ó Conduit, admiten deformaciones. 125

Figura 35 Detalle anclaje en losa. 128

Figura 36 Detalle anclaje en muro. 128

Figura 37 Muro no estructural en bloque #5 perforación horizontal 132

Figura 38 Detalle soporte platina. 144

Figura 39 Detalle soporte tipo cuelga. 145

Figura 40 Detalle soporte tipo tecna. 145

Figura 41 Chazo plastico de nylon tipo TN4S y tornillo TPP040035 146

Figura 42 Anclaje expansivo HDI 3/8". 147

Figura 43 Anclaje expansivo HDI 1/2". 149

Figura 44 Ejecución de obra. 156

Figura 45 Formaletas. 157

Figura 46 Aceros de refuerzo. 158

Figura 47 Descripción del procedimiento para medir asentamiento del concreto. 160

Figura 48 Vaciado del concreto. 161

Figura 49 Muro en mamposteria. 162

Figura 50 Muro de fachada unico y muro de fachada doble. 163

Figura 51 Detalle muro, junta de dilatación. 164

Figura 52 Detalles de los posibles diseños empleados para muros no estructurales. 164

Figura 53 Aspectos en el control de calidad de soldaduras. 166

Figura 54 Requerimientos de especificaciones técnicas para soldaduras. 167

Figura 55 Potada de Bitácora de Obra. 171

Figura 56 Hoja de anotaciones Bitácora de Obra. 172

Lista de Tablas

Tabla 1 Normatividad aplicable. 24

Tabla 2 Documentación de la Supervisión Técnica. 26

Tabla 3 Controles que se deben realizar a los planos. 30

Tabla 4 Controles que se deben realizar a las especificaciones técnicas. 31

Tabla 5 Controles que se deben realizar a la ejecución. 32

Tabla 6 Plan de supervisión técnica. 34

Tabla 7 Requisitos del control de planos. 39

Tabla 8 Aspectos a tener en cuenta en el diseño de especificaciones. 42

Tabla 9 Cuadro de revisión de control especificaciones técnicas. 44

Tabla 10 Formato de especificación técnica. 45

Tabla 11 Requisitos de control de materiales. 48

Tabla 12 Ejemplo de plan de control de calidad de una obra de construcción. 51

Tabla 13 Requisitos para ensayos de control de calidad. 54

Tabla 14 Registro de muestras de concreto. 65

Tabla 15 Identificación de muestra con bajo resultado. 67

Tabla 16 Aplicación del criterio 1 para análisis de resultados. 68

Tabla 17 Aplicación del criterio 2 para análisis de resultados. 70

Tabla 18 Análisis de los resultados obtenidos al aplicar los criterios 1 y 2. 72

Tabla 19 Aceptación de los resultados de la muestra de concreto en cuestión. 73

Tabla 20 Información que debe contener el certificado de conformidad ó calidad. 78

Tabla 21 Número de designación de las barras corrugadas y rollos, peso (masa) nominal, dimensiones nominales y requisitos de los resaltes 80

Tabla 22 Requisitos del ensayo de tracción. 81

Tabla 23 Requisitos del ensayo de doblado. 81

Tabla 24 Requisitos de composición química para el fabricante. 82

Tabla 25 Requisitos composición química para verificación por parte del comprador. 83

Tabla 26 Formato para el control de calidad del Acero de Refuerzo Corrugado. 84

Tabla 27 Formato para el control de calidad de las Mallas. 90

Tabla 28 Cuadro de control de calidad Composición Química. 91

Tabla 29 Verificación periódica de la calidad de los materiales según Tabla 220-2 de Norma INVIAS 2013, Articulo 220 – Terraplenes. 94

Tabla 30 Requisitos de los suelos para rellenos de estructuras, según tabla 610-1 de Norma INVIAS 2013 Art. 610. Rellenos Para Estructuras. 96

Tabla 31 Análisis de resultados material de relleno tipo suelos adecuados, Roca Muerta. 97

Tabla 32 Requisitos para material de recebo, según tabla 610-2 de Norma INVIAS 2013 Art. 610. Rellenos Para Estructuras. 100

Tabla 33 Franjas granulométricas para material de recebo según tabla 610-3 de Norma INVIAS 2013 Art. 610. Rellenos Para Estructuras. 101

Tabla 34 Ejemplo de material de recebo que cumple la gradación con franja granulométrica RE-75. 101

Tabla 35 Requisitos para materiales granulares tipo SBG y BG, según tabla 610-4 de Norma INVIAS 2013 Art. 610. Rellenos Para Estructuras. 103

Tabla 36 Franjas granulométricas para materiales granulares tipo SBG ó BG según tabla 610-5 de Norma INVIAS 2013 Art. 610. Rellenos Para Estructuras. 104

Tabla 37 Ejemplo de material granular tipo SBG y BG que cumple la gradación con franjas granulométricas SBG-50, SBG-38, BG-38. 105

Tabla 38 Análisis de resultados material de relleno tipo SBG - BG, Sub Base Granular, Base Granular. 107

Tabla 39 NSR 10. Titulo A, Literal A.9 Elementos No Estructurales. 111

Tabla 40 Tipos de anclaje según el valor de Rp permitido para el elemento no estructural. .. 116

Tabla 41 Determinación del tipo de anclaje según el tipo de elemento no estructural. 118

Tabla 42 Grados de desempeño asociados a grupos de uso. 120

Tabla 43 Grupos de elementos no estructurales a tener en cuenta en diseño. 126

Tabla 44 Valores del coeficiente de importancia I, Según tabla A.2.5-1 de la NSR-10. 135

Tabla 45 Grado de desempeño mínimo requerido conforme al grupo de uso. 136

Tabla 46 Parametros de diseño de elementos no estructurales (ENE). 137

Tabla 47 Cálculo de aceleraciones ax por piso. 138

Tabla 48 Coeficiente de amplificación dinámica, a_p, y tipo de anclajes o amarres requeridos, usado para determinar el coeficiente de capacidad de disipación de energía, R_p, para elementos hidráulicos, mecánicos o eléctricos [a], según tabla A.9.6-1 de la NSR-10. 140

Tabla 49 Peso de las tuberías cargadas con agua. 141

Tabla 50 Aceleraciones para ciudades y departamentos de Colombia. 142

Tabla 51 Valores del coeficiente de importancia i según NSR-10, Titulo A, Tabla A.2.5-1 .. 143

Tabla 52 Resumen de parametros. 143

Tabla 53 Tipos de soportes. 144

Tabla 54 Especificaciones de carga máxima recomendada para Chazo plástico de nylon tipo TN4S y tornillo TPP040035. 146

Tabla 55 Especificaciones de carga máxima recomendada para el anclaje HDI 3/8". 148

Tabla 56 Especificaciones de carga maxima recomendada para el anclaje HDI 1/2". 149

Tabla 57 Analisis y chequeo soporte N° 1. 151

Tabla 58 Analisis y chequeo soporte N° 2. 152

Tabla 59 Analisis y chequeo soporte N° 3. 153

Tabla 60 Ejemplo de informe final de supervisión técnica, para la certificación de un proyecto. 174

Tabla 61 Ejemplo de Certificación Técnica de Ocupación CTO del Supervisor Técnico Independiente. 176

Tabla 62 Labores definidas en el artículo 42 de la Ley 400 de 1997. 179

Tabla 63 Clasificación de las estructuras de acuerdo con el grado de complejidad................ 180

Tabla 64 Honorario de Supervisión Técnica Continua e Itinerante de la construcción de la estructura y los elementos no estructurales según el grado de complejidad. 181

Tabla 65 Características y Definición del A.I.U Administración, Imprevistos y Utilidad. 182

Agradecimientos

Este trabajo fue posible realizarlo bajo la supervisión del director de tesis Ing. Willan German Mellado Aranzales, a quien expresamos nuestro gran agradecimiento por brindarnos la oportunidad de trabajar bajo su dirección en nuestro programa de formación profesional. Gracias a su apoyo, asesoramiento y dedicación fue posible integrar el proyecto en cuestión. Sin duda, es un trabajador increíblemente talentoso que siempre merece nuestro amor, honestidad y respeto, además de ser nuestro maestro.

Introducción

La presente guía pretende ayudar a gestionar la calidad en los proyectos de construcción y a entender el tema de Supervisión Técnica, que se puede definir como la verificación de la sujeción de la ejecución de obra respecto a estructura además de elementos no estructurales (ENE) que comprenden los mismos a las normas legales vigentes como también a las especificaciones técnicas del proyecto y los respectivos planos debidamente aprobados por los diseñadores de estructura y de elementos no estructurales, conforme a la capacidad de disipación de energía en el rango inelástico ya sea especial (DES), moderada (DMO) ó mínima (DMI) teniendo en cuenta la zona de amenaza sísmica donde se encuentra el proyecto, el desempeño de la estructura y los elementos no estructurales ya sea de grado Superior, Bueno ó Bajo conforme al Grupo de Uso.

Los proyectos de construcción comprenden características donde se determinan la resistencia y la estabilidad del edificio, incluidos los defectos y no conformidades derivadas que pueden generar problemas, esto radica en fallas en la construcción aplicadas en viviendas unifamiliares que se realizan mediante la metodología de autoconstrucción en los sectores más vulnerables, los proyectos de vivienda unifamiliar y multifamiliar, proyectos de los sectores comerciales, deportivos, educativos y de salud, las cuales hacen referencia a: las juntas del concreto, recubrimientos de barras de acero que no cumplen con los mínimos requeridos por la norma dependiendo de la ubicación de cada elemento, limpiezas de áreas a fundir, instalación adecuada de barras de refuerzos, vaciado de concreto, diseños de concretos mal proporcionados.

Estos problemas son generados por la falta de conocimientos técnicos, y la mano de obra deficiente con un alto grado de inconsistencia profesional.

Teniendo en cuenta lo anterior y los antecedentes investigativos de los autores por su experiencia profesional indican que existe un vacío de conocimiento sobre la implementación de la gestión de calidad mediante la supervisión técnica en los proyectos de construcción.

Para diagnosticar este problema, es importante identificar sus causas, algunas de las cuales son las malas prácticas en la construcción aplicadas generalmente en edificaciones pertenecientes a cualquier grupo uso, sean viviendas, comerciales, médicas, deportivas, educativas, turísticas, gubernamentales e inclusive en obras de infraestructura etc.

Dichas fallas pueden reflejarse en incidentes que pueden ser fatales como el desplome de la estructura que podría causar daño físico y pérdidas de vidas humanas.

Capítulo 1 - Normatividad Legal Aplicable

Los proyectos de construcción en Colombia se rigen por determinadas normas las cuales deben ser de estricto cumplimiento y debe garantizarse su aplicación mediante la supervisión técnica independiente, a continuación, se expone el marco legal normativo.

En la primera normativa de construcción sismo resistente de Colombia creada mediante el decreto 1400 de 1984 la cual se denominó Código Colombiano de Construcciones Sismo Resistentes de 1984 CCCSR-84 se dan las primeras disposiciones sobre Supervisión Técnica.

En dicha normativa la Supervisión Técnica era solo una recomendación la se limitaba únicamente al control de ejecución de la construcción de cimentaciones y estructuras, sin tener en cuenta los elementos no estructurales (ENE). Bajo este código ya estaba definido hasta cierto punto el alcance de la Supervisión Técnica, pero cubría todos los aspectos de ejecución del trabajo de construcción, ver en *Referencia 01* del documento *ANEXO N° 2. Textos de Referencias Normativas*.

A continuación, se muestra en la *Tabla 1* la evolución en materia de normatividad legal aplicable en cuanto a la supervisión técnica independiente.

Tabla 1

Normatividad aplicable.

NORMATIVA	DESCRIPCION
DECRETO 1400 DEL 7 DE JUNIO DE 1984	La primera reglamentación de construcción sismo resistente expedida por el Gobierno Nacional.
LEY 400 DEL 19 DE AGOSTO DE 1997	Por la cual se adoptan normas sobre Construcciones Sismo Resistentes.
DECRETO 33 DEL 9 DE ENERO DE 1998	Primera actualización corresponde al Reglamento NSR-98.
LEY 1229 DEL 16 DE JULIO DE 2008.	Por la cual se modifica y adiciona la Ley 400 del 19 de agosto de 1997
DECRETO 926 DEL 19 DE MARZO DE 2010.	Segunda actualización, correspondiente al Reglamento Colombiano de Construcción Sismo Resistente NSR-10.
DECRETO 2525 DEL 13 DE JULIO DE 2010	Modifica decreto 926 de 2010.
DECRETO 0092 DEL 17 DE ENERO DE 2011	Modifica decreto 926 de 2010.
DECRETO 0340 DEL 13 DE FEBRERO DE 2012	Modifica Reglamento de Construcción Sismo-Resistente NSR-10
LEY 1796 DEL 13 DE JULIO DE 2016	Por la cual se establecen medidas enfocadas a la protección del comprador de vivienda, el incremento de la seguridad de la edificación y el fortalecimiento de la función pública que ejercen los curadores urbanos, se asignan unas funciones a la superintendencia de notariado y registro y se dictan otras disposiciones. Conocida como Ley de vivienda segura.
DECRETO 0945 DEL 05 DE JUNIO DE 2017	Modifica parcialmente el Reglamento de Construcción Sismo-Resistente NSR-10
TÍTULO I - DEL REGLAMENTO DE CONSTRUCCIÓN SISMO-RESISTENTE NSR-10.	Supervisión Técnica Independiente
NTC 2050	Código eléctrico colombiano.
RETIE	Reglamento Técnico De Instalaciones Eléctricas.
RETILAP	Reglamento Técnico de Iluminación y Alumbrado Público.
NTC 1500	Código Colombiano de fontanería.
RAS 2000	Reglamento Técnico del sector de Agua Potable y Saneamiento Básico.
CCP-14	Norma Colombiana de Diseño de Puentes.
ACI - 318	La norma ACI 318 provee requisitos mínimos para el diseño y construcción de elementos de hormigón estructural que formen parte de estructuras construidas de acuerdo con un manual general de construcción, es publicada por el ACI Instituto Americano del Concreto el cual es una organización sin ánimo de lucro de los Estados Unidos de América que desarrolla estándares, normas y recomendaciones técnicas con referencia al hormigón reforzado.

Fuente. Elaboración propia.

En el año 1997, fue promulgada la Ley 400, que dio base al nuevo Reglamento Colombiano de Construcción Sismo Resistente NSR-98 donde ya se definió más detalladamente el alcance de las labores de Supervisión Técnica, requisitos y calidades de los profesionales involucrados en esta. En este nuevo Reglamento se incluyó un Título propio para las labores Supervisión Técnica, pero continuaba siendo una recomendación y no algo de estricto cumplimiento. La NSR-98, al igual que los demás Códigos o Reglamentos, tuvo algunas versiones posteriores.

Reglamentación Vigente

En el año 2010 mediante el Decreto 926 de 2010 basándose en la normativa conforme a Ley 400 de 1997 se promulga el Reglamento Colombiano de Construcción Sismo Resistente NSR-10, dentro de las labores de la Supervisión Técnica se incluyen los Elementos No Estructurales de manera relevante y perentoria en especial aquellos que se mencionan en el Título A-9.

Conforme a esta normativa la Supervisión Técnica pasó a tener una nueva definición, ver en *Referencia 02* del documento *ANEXO N° 2. Textos de Referencias Normativas*.

Según Orjuela Daza (2020) el contexto de la reglamentación vigente en Colombia se basa en algunos aspectos claves que son de mucha importancia, ver en *Referencia 03* del documento *ANEXO N° 2. Textos de Referencias Normativas*.

El grado de Supervisión Técnica se define como Itinerante (Grado B) o Continua (Grado A) y se divide según el sistema estructural, el área de construcción y el Grupo de Uso al que pertenece la edificación. (Ver Tabla I.4.3-1 de NSR-10).

Capítulo 2 - Documentación de la Supervisión Técnica

Quien ejerza la labor de Supervisión Técnica debe llevar un registro del control de obra realizado en su totalidad por escrito respecto a su trabajo, de acuerdo con los requisitos de la normatividad legal, siendo esta el Título I del Reglamento Colombiano de Construcción Sismo Resistente NSR-10. El registro debe estar compuesto por la documentación minina relacionada en la *Tabla 2* a continuación:

Tabla 2

Documentación de la Supervisión Técnica.

DOCUMENTACION DE LA SUPERVISIÓN TÉCNICA
(a) Especificaciones técnicas de construcción,
(b) Plan de gestión de calidad del proyecto de construcción requerido por parte de quien ejerza la supervisión técnica en concordancia con la normatividad legal vigente, conciliado respecto al alcance definido entre las partes intervinientes tales como el constructor, el propietario y el supervisor técnico.
(c) Reporte y registro gráfico por medio de fotografías del avance de la ejecución de obra del proyecto de construcción,
(d) Análisis de los resultados de los ensayos de materiales utilizados en la construcción conforme lo define la normatividad legal vigente ó según lo establezca el plan de supervisión técnica realizado para el proyecto,
(e) La correspondencia como resultado de las funciones de supervisión técnica, incluyendo: notificación al constructor de cualquier no conformidad de los materiales, protocolos de construcción, mano de obra, herramientas y equipos; y acciones correctivas exigidas ó definidas; respuestas de las partes intervinientes, informes sobre las acciones correctivas realizadas o aprobaciones por parte del constructor a los requerimientos emitidos por el supervisor técnico en el proyecto.
(f) Conceptos dados por el diseñador respecto a los reportes y consultas emitidas por el constructor o el supervisor técnico.
(g) Los demás documentos que permitan determinar de acuerdo a su contenido que la construcción de la edificación respecto a estructura y elementos no estructurales comprendidos en la normativa, ha sido terminada de conformidad con las condiciones previstas en el Reglamento Colombiano de Construcción Sismo Resistente NSR-10,
(h) Documento emitido por el Supervisor Técnico denominado (CTO) certificación técnica de ocupación, en el que conste claramente que la construcción de la edificación respecto a estructura y de elementos no estructurales conforme a la normativa, se realizó de conformidad con la misma y, en su caso, si se realizaron correcciones durante la construcción se cumplió con los estándares de calidad definidos legalmente. Este documento debe ser firmado por el constructor y el titular de la licencia de construcción y adjuntado a la solicitud del permiso de ocupación, que debe presentarse a las autoridades competentes para ejercer control una vez finalizada la obra.

Fuente. Elaboración propia.

Al término de sus funciones, el supervisor técnico deberá entregar copia de los planos as built de obra y del registro escrito descrito en I2.2.1 a las autoridades competentes para ejercer control urbano y posterior de obra, al constructor de la estructura y de elementos no estructurales y además al propietario conforme lo establece la normativa relacionada. Quien ejerce la supervisión técnica debe conservar este registro escrito durante al menos cinco años después de que el proyecto esté terminado y también debe guardar registro de la entrega al constructor y propietario.

En el caso de viviendas en copropiedad, el cesionario cuyo nombre figura en la licencia de construcción deberá entregar al copropietario copia de la documentación de supervisión técnica.

Capítulo 3 - Alcance de la Supervisión Técnica

En el Título I del Reglamento Colombiano de Construcción Sismo Resistente NSR-10 la labor de supervisión técnica incluye dentro de su alcance mínimo unos aspectos que son de mucha importancia durante la realización de la misma, ver en ***Referencia 04*** del documento ***ANEXO N° 2. Textos de Referencias Normativas***.

Capítulo 4 - Controles Exigidos

Control de Planos

El control de planos por parte del supervisor de ingeniería independiente deberá incluir, en la verificación a que se hayan implementado todas las instrucciones necesarias para permitir la construcción de cimientos, estructuras y componentes no estructurales, con estudios geotécnicos, planos estructurales y elementos no estructurales del proyecto. El alcance del control sobre los planos ejercido por el observador técnico independiente no incluye la supervisión de estudios, planos y diseños; debe controlar, lo que contiene y, que debe cumplir según manuales etc. Se parte desde el punto normativo en donde se debe verificar de antemano las estipulaciones descritas en los diferentes títulos de la norma como la NSR-10, que desde su título A, que comprende el área de diseño en conjunto a las estipulaciones de los demás títulos, se debe "constatar la existencia de todas las indicaciones necesarias para poder realizar la construcción de una forma adecuada," (Rincón Molina & Méndez Zuñiga, 2022) técnico profesional tal cual lo indique los planos del proyecto.

A continuación, se presentan en *Tabla 3* los controles que deben realizarse a los planos.

Tabla 3

Controles que se deben realizar a los planos.

	LOS CONTROLES QUE SE DEBEN REALIZAR A LOS PLANOS
1	Grado de definición (completos o incompletos).
2	Definición de dimensiones, cotas y niveles.
3	Consistencia entre las dimensiones, cotas y niveles.
4	Consistencia entre las diferentes plantas, alzados, cortes, detalles y esquemas.
5	Adecuada definición de las calidades de los materiales.
6	Cargas de diseño debidamente estipuladas.
7	En casos especiales, instrucciones sobre obra falsa, procedimientos de control de la colocación del concreto, procedimientos de descimbrado, colocación del concreto, aditivos, tolerancias dimensionales, niveles de tensionamiento.
8	Coordinación de los planos arquitectónicos con los demás planos técnicos.
9	Definición en los planos arquitectónicos del grado de desempeño de los elementos no estructurales, y
10	En general, la existencia de todas las indicaciones necesarias para poder realizar la construcción de una forma adecuada con los planos del proyecto.

Fuente. Elaboración propia.

Control de Especificaciones

Es de vital importancia velar por lo que se planteó en las estructuras; se construirán de acuerdo con las especificaciones de lo estipulado por reglamentos, para cada tipo de material a que se refieren y las que emita la comisión Asesora Permanente del Régimen de Construcción Sismo resistente, salvo las contenidas en los planos y especificaciones hechas por el proyectista, que no contravengan las disposiciones del Reglamento.

Se debe controlar el tipo de materiales, ensayos de los mismos, los diferentes desempeños sísmicos, se debe controlar la fase de ejecución.

A continuación, se presentan en *Tabla 4* los controles que se deben realizar a las especificaciones técnicas.

Tabla 4

Controles que se deben realizar a las especificaciones técnicas.

	LOS CONTROLES QUE SE DEBEN REALIZAR A LAS ESPECIFICACIONES TÉCNICAS
1	Especificaciones para la construcción de estructuras de concreto reforzado
2	Especificaciones para la construcción y el montaje de estructuras metálicas
3	Comentario a las Especificaciones para la construcción y el montaje de estructuras metálicas
4	Control de calidad de materiales para concreto reforzado
5	Control de calidad de materiales en estructuras de mampostería estructural

Fuente. Elaboración propia.

Control de Materiales

El Supervisor Técnico Independiente requerirá que la construcción de cimentaciones, estructuras y elementos no estructurales se realice con materiales que cumplan con los requisitos generales y normas técnicas de calidad de acuerdo con las especificaciones y reglamentos para cada tipo de material. Cimientos, elementos estructurales y no estructurales, o tipos de elementos.

Ensayos de Control de Calidad

Controles de calidad. Un supervisor técnico independiente bajo el programa de control de calidad del constructor debe acordar la frecuencia de muestreo y el número de pruebas a realizar en los materiales de la estructura, las cuales deben hacerse en el laboratorio o laboratorios preaprobados por el constructor. Los supervisores técnicos independientes deben interpretar los resultados de las pruebas realizadas, indicando claramente en qué medida los materiales estructurales cumplen con las especificaciones requeridas y normatividad vigente.

Control de Ejecución

Todo lo que tenga que ver con la ejecución de la obra y esté relacionado con esta deberá ser inspeccionado y vigilado por El Supervisor Técnico Independiente incluyendo como mínimo las disposiciones descritas en la *Tabla 5* como sigue:

Tabla 5

Controles que se deben realizar a la ejecución.

	CONTROLES QUE SE DEBEN REALIZAR A LA EJECUCIÓN
1	Replanteo.
2	Condiciones de la cimentación y su concordancia con lo indicado en estudio geotécnico.
3	Dimensiones geométricas.
4	Colocación de formaletas y obras falsas, y su bondad desde el punto de vista de seguridad y capacidad de soportar las cargas que se les impone.
5	Colocación de los aceros de refuerzo y/o preesfuerzo.
6	Mezclado, transporte y colocación del concreto.
7	Alzado de los muros de mampostería, sus refuerzos, morteros de pega e inyección.
8	Elementos prefabricados.
9	Estructuras metálicas, incluyendo sus soldaduras, pernos y anclajes.
10	En general, todo lo que conduzca a establecer que la obra se ha ejecutado de acuerdo con los planos y especificaciones.

Fuente. Elaboración propia.

Capítulo 5 - Procedimiento para la Realización de la Supervisión Técnica

Para dar inicio a la realización de la supervisión técnica del proyecto se establece mediante el comité de obra el acta de inicio donde se relacionan las condiciones contractuales, además en el acta de comité de obra inicial el supervisor técnico debe presentar el plan de supervisión técnica donde define los entregables para que este pueda realizar a cabalidad su labor en concordancia con los criterios normativos.

Plan de Supervisión Técnica

Al iniciar un proyecto se realiza un plan de supervisión técnica donde se definen los entregables al supervisor técnico independiente por parte del constructor para iniciar la supervisión técnica del proyecto. El supervisor técnico independiente define el alcance de la supervisión técnica independiente conforme a lo indicado en el título I del Reglamento Colombiano De Construcción Sismo Resistente NSR-10 y las características propias del proyecto y el proceso de contratación.

A continuación, se presenta en *Tabla 6* a manera de ejemplo un plan de supervisión técnica con definición de entregables, su estado y las correspondientes observaciones.

GUÍA PARA SUPERVISIÓN TÉCNICA DE PROYECTOS DE CONSTRUCCIÓN

Tabla 6

Plan de supervisión técnica.

PLAN DE SUPERVISIÓN TÉCNICA						
PROYECTO:		(NOMBRE DEL PROYECTO)				
No.	DESCRIPCIÓN	FECHA	ESTADO			OBSERVACIONES
			PEND.	EN PROC.	RECIB.	
1	Especificaciones de construcción y sus adendas.					
2	Planos estructurales y registro de todos los conceptos sobre consultas emitidas durante el proyecto por el ingeniero calculista y/o el geotecnista.					
3	Estudio de suelos.					
4	Diseño de estructuras metálicas.					
5	Diseño de estructuras de madera.					
6	Diseño de ventanas y barandas.					
7	Diseño de mampostería.					
8	Diseño de muros divisorios.					
9	Diseño de cimbras y encofrados.					
10	Plan de control de calidad.					
11	Diseños de mezclas.					
12	Ensayos de resistencia a compresión del concreto.					
13	Resultados de densidades de rellenos.					
14	Laboratorio (Certificados de acreditación, calibración, etc.).					
15	Topografía					
16	Ensayos de tracción del acero					
17	Registros de liberaciones debidamente diligenciados y firmados por las partes.					
18	Ensayos de compresión del mortero de pega					
19	Ensayos de compresión del mortero de relleno (grouting)					
20	Ensayos de compresión del mortero de relleno					
21	Resistencia a la compresión de unidades de mampostería					
22	Resistencia a la compresión de muretes llenos					
23	Resistencia a la compresión de muretes vacíos					
24	Ensayos de calidad de anclajes.					
25	Ensayos de absorción de unidades de mampostería, etc.					
26	Procedimiento constructivo					
27	Certificados de calidad de materiales (concreto, cemento, acero, etc.)					
28	Ensayos de tracción del acero					
29	Protocolos de reparaciones					
30	Programación de actividades Y fundiciones semanal y juntas programadas					
31	verificación de entregables					
32	Emisión de certificado técnico de ocupación (CTO)					

Fuente. Elaboración propia.

Organización y Archivo de la Información de Supervisión Técnica Independiente

Una vez recibida la información se organiza, se analiza y se archiva física y digitalmente, a continuación, se presenta un esquema de cómo se debe archivar digitalmente la documentación durante el proceso de supervisión técnica, ello en concordancia con lo estipulado en cuanto a los documentos emanados de la supervisión técnica como se indica en el Reglamento Colombiano de Construcción Sismo Resistente NSR-10, Título I- Supervisión Técnica.

La forma de archivar la documentación digitalmente debe ser concordante con la forma de archivar físicamente, es decir se deben replicar las mismas carpetas y subcarpetas en el mismo orden cronológico tanto en formato digital cómo físico.

Se debe elaborar un listado maestro de carpetas de archivo ó una base de datos, dependiendo de la capacidad organizativa y necesidad del supervisor técnico independiente conforme a la cantidad de información y documentación que maneje durante la ejecución del proceso de supervisión técnica independiente en el proyecto, si la supervisión técnica es itinerante se maneja una cantidad regular de información sin embargo si esta es continua se maneja un gran flujo de información para almacenar, lo importante es dejar documentados la mayor cantidad de registros y documentos posibles, todo basado en un control conforme a normas, planos y especificaciones del proyecto a supervisar.

A continuación, se presenta un esquema en la *Figura 1* sobre cómo se debe organizar la documentación de la supervisión técnica.

GUÍA PARA SUPERVISIÓN TÉCNICA DE PROYECTOS DE CONSTRUCCIÓN

Figura 1

Esquema para el archivo digital de la documentación solicitada por la supervisión técnica.

ANEXO	1.	ESPECIFICACIONES DE CONSTRUCCIÓN Y SUS ADENDAS.
ANEXO	2.	PLANOS ESTRUCTURALES Y REGISTRO DE TODOS LOS CONCEPTOS SOBRE CONSULTAS
ANEXO	3.	ESTUDIO DE SUELOS.
ANEXO	4.	DISEÑO DE ESTRUCTURAS METÁLICAS.
ANEXO	5.	DISEÑO DE ESTRUCTURAS DE MADERA.
ANEXO	6.	DISEÑO DE VENTANAS Y BARANDAS.
ANEXO	7.	DISEÑO DE MAMPOSTERÍA.
ANEXO	8.	DISEÑO DE MUROS DIVISORIOS.
ANEXO	9.	DISEÑO DE CIMBRAS Y ENCOFRADOS.
ANEXO	10.	PLAN DE CONTROL DE CALIDAD.
ANEXO	11.	DISEÑOS DE MEZCLAS.
ANEXO	12.	ENSAYOS DE RESISTENCIA A COMPRESIÓN DEL CONCRETO.
ANEXO	13.	RESULTADOS DE DENSIDADES DE RELLENOS.
ANEXO	14.	LABORATORIO (CERTIFICADOS DE ACREDITACIÓN, CALIBRACIÓN, ETC.).
ANEXO	15.	TOPOGRAFÍA
ANEXO	16.	ENSAYOS DE TRACCIÓN DEL ACERO
ANEXO	17.	REGISTROS DE LIBERACIONES DEBIDAMENTE DILIGENCIADOS Y FIRMADOS POR LAS PARTES.
ANEXO	18.	ENSAYOS DE COMPRESIÓN DEL MORTERO DE PEGA
ANEXO	19.	ENSAYOS DE COMPRESIÓN DEL MORTERO DE RELLENO (GROUTING)
ANEXO	20.	ENSAYOS DE COMPRESIÓN DEL MORTERO DE RELLENO
ANEXO	21.	RESISTENCIA A LA COMPRESIÓN DE UNIDADES DE MAMPOSTERÍA
ANEXO	22.	RESISTENCIA A LA COMPRESIÓN DE MURETES LLENOS
ANEXO	23.	RESISTENCIA A LA COMPRESIÓN DE MURETES VACÍOS
ANEXO	24.	ENSAYOS DE CALIDAD DE ANCLAJES.
ANEXO	25.	ENSAYOS DE ABSORCIÓN DE UNIDADES DE MAMPOSTERÍA, ETC.
ANEXO	26.	PROCEDIMIENTO CONSTRUCTIVO
ANEXO	27.	CERTIFICADOS DE CALIDAD DE MATERIALES (CONCRETO, CEMENTO, ACERO, ETC.)
ANEXO	28.	ENSAYOS DE TRACCIÓN DEL ACERO
ANEXO	29.	PROTOCOLOS DE REPARACIONES
ANEXO	30.	PROGRAMACIÓN DE ACTIVIDADES Y FUNDICIONES SEMANAL Y JUNTAS PROGRAMADAS
ANEXO	31.	VERIFICACIÓN DE ENTREGABLES
ANEXO	32.	EMISIÓN DE CERTIFICADO TÉCNICO DE OCUPACIÓN (CTO)

Nota. La figura contiene el esquema para el archivo digital de la documentación solicitada por la supervisión técnica. Adaptado de "Sistema de Gestión COINSA" por A. Cerón. 2020.

Después de haber recibido toda la información previa solicitada al constructor se procede a la realización de los controles exigidos como se describe a continuación.

Ejemplo de la Realización: Control de Planos

A modo de ejemplo, se toma un caso especial de proyectos de torres en concreto en la ciudad de Cali.

En la descripcion de la especificacion tecnica del proyecto se dice que: concreto reforzado para muros grava ½", asentamiento 8" +/-1, de primer piso a cuarto piso f´c= 4000 Psi y del quinto piso a cubierta f´c= 3000 Psi, con acabado de formaleta mono portables de paneles modulares en madera acero, según el dimensionamiento geometrico establecido en planos y la respectiva localización. Tambien se plantea la forma de ejecucion, la cual menciona lo siguiente:

- Planos arquitectonicos sometidos a revisión.
- Planos estructurales sometidos a revisión.
- Localizacion respecto a ejes y trazados de muros
- Instalacion de refuerzos de aceros y verificar traslapos
- Instalacion de formaleta y aplicación de desmoldante
- Verticalidad y dimenriones verificadas.
- Vaciado, vibrado y compactacion del concreto.
- Retiro de formaletas de muros y verificacion de la verticalidad de los elementos.
- Las tolerancias que se permiten en el proyecto son:
- Plomos de encofrado: +/-3 mm/metro sin superar un total de 15 mm en la longitud total
- Dimensiones y cota de nivel: +/-5 mm
- Plomo elemnto fundido: +/- 5mm/ metro sin superar un total de 15 mm en la longitud total

Los ensayos a realizar: toma de cilindros de concreto en donde se ensayan a 1 dias, 7 dias, 28 dias y testigos, por cada 40 metros 3 o 200 m2 de fundicion.

Para las losas de entrepiso se utiliza un concreto con graba de mas alto diametro que la de muros, para este caso es un concreto c.s. industrializado para losa maciza de 10 cm primer piso al cuarto piso f´c= 4000 Psi y del quinto piso a cubierta f´c= 3000 Psi, el Tamaño maximo de grava es de 1" y con un acentamiento de 5" mas o menos 1", ya que no se tienen demasiado refuerzo y las vigas descolgadas no estan compuestas por mucho refuerzo, permitiendo un llenado de concreto adecuado y sin presentar mañor dificultad.

Conforme al Reglamento Colombiano de Construccion Sismo Resistente NSR-10, Titulo I- Supervisión Técnica, los controles minimos a realizar a los planos, ver en ***Referencia 05*** del documento ***ANEXO N° 2. Textos de Referencias Normativas***.

A continuación, se presenta en ***Tabla 7*** los requisitos de control de planos.

Tabla 7

Requisitos del control de planos.

Ítem	Tema	Referencia
1	Grado de definición.	A.1.5.2, C1.2, 1.2.4, 1.4.3
2	Definición de dimensiones, cotas y niveles.	
3	Consistencia entre las dimensiones, cotas y niveles.	
4	Consistencia entre las diferentes plantas, alzados, cortes, detalles y esquemas.	
5	Adecuada definición de las calidades de los materiales.	
6	Cargas de diseño debidamente estipuladas.	
7	Casos Especiales: obras falsas, procedimientos, aditivos, tolerancias u otros.	
8	Coordinación de los planos arquitectónicos con los demás planos técnicos.	
9	Definición en los planos arquitectónicos del grado de desempeño de los elementos no estructurales.	
10	Indicaciones generales.	

Nota. La tabla contiene los requisitos de control de planos. Tomado de "Guía para Supervisión Técnica de Estructuras de Concreto" por J. Bobadilla. 2022. (http://www.asesoriaseducativas.com/)

A continuacion se presenta en *Figura 2* y *Figura 3* ejemplo de un control de planos en obra y como se registra la información en el respectivo formato de control.

GUÍA PARA SUPERVISIÓN TÉCNICA DE PROYECTOS DE CONSTRUCCIÓN

Ejemplo Ilustrado

Figura 2

Ejemplo de formato para control de planos y registro.

FORMATO PARA CONTROL DE PLANOS Y REGISTRO
PROYECTO:
TIPO DE PLANO:
DISEÑADOR:
DIRECTOR DE OBRA:
SUPERVISOR TÉCNICO:

N°	CONTIENE	ESCALA DE DIBUJO	VERSIÓN PREVIA	FECHA DEL CAMBIO	VERSIÓN ACTUAL	REVISIÓN POR PARTE DE LA SUPERVISIÓN TÉCNICA			TIPO DE PLANO MARQUE X	
						FECHA ENTREGA	FECHA REVISIÓN	OBSERVACIÓN	CONSTRUCCIÓN	INFORMACIÓN
1										
2										
3										
4										
5										
6										
7										
8										
9										
10										

Fuente. Elaboración propia.

Figura 3

Ejemplo formato para verificación de criterios para control de planos.

FORMATO PARA VERIFICACIÓN DE CRITERIOS PARA CONTROL DE PLANOS		

PROYECTO:

TIPO DE PLANO:
DISEÑADOR:
DIRECTOR DE OBRA:
SUPERVISOR TÉCNICO:

N°	CRITERIO DE VERIFICACIÓN	VERIFICACIÓN		OBSERVACIÓN
		CUMPLE	NO CUMPLE	
1	Grado de definición completos o incompletos			
2	Definición de dimensiones, cotas y niveles,			
3	Consistencia entre las dimensiones, cotas y niveles,			
4	Consistencia entre las diferentes plantas, alzados, cortes, detalles y esquemas,			
5	Adecuada definición de las calidades de los materiales,			
6	Cargas de diseño debidamente estipuladas			
7	En casos especiales, instrucciones sobre obra falsa, procedimientos de control de la colocación del concreto, procedimientos de descimbrado, colocación del concreto, aditivos, tolerancias dimensionales, niveles de tensionamiento.			
8	Coordinación de los planos arquitectónicos con los demás planos técnicos			
9	Definición en los planos arquitectónicos del grado de desempeño de los elementos no estructurales, y			
10	En general, la existencia de todas las indicaciones necesarias para poder realizar la construcción de una forma adecuada con los planos del proyecto.			

Fuente. Elaboración propia.

Ejemplo de la Realización: Control de Especificaciones

Es preciso tener en cuenta algunos aspectos de suma importancia que son aquellos criterios que se tienen en cuenta cuando se diseñan las especificaciones técnicas, la realización del control de especificaciones técnicas debe realizarse conforme a lo descrito en: "el Título I de Supervisión Técnica del Reglamento Colombiano de Construcción Sismo Resistente NSR-10" (Reglamento Colombiano De Conctrucción Sismo Resistente [NSR-10.], 2010).

Según la cartilla de diseño de especificaciones técnicas del SENA, se dan a conocer dichos aspectos de manera resumida como se define en la *Tabla 8* a continuación.

Tabla 8

Aspectos a tener en cuenta en el diseño de especificaciones.

ASPECTOS A TENER EN CUENTA EN EL DISEÑO DE ESPECIFICACIONES TÉCNICAS DE MANERA RESUMIDA SEGÚN CARTILLA DEL SENA		
FILOSOFÍA DE LAS ESPECIFICACIONES	Ser organizada, resumida y, que provean continuidad y desde luego finalidad.	
ALCANCE DE LAS ESPECIFICACIONES	En donde se describen los términos del contrato, se describe, además, los detalles constructivos, se relacionan los requisitos exigidos que no vayan en contravía de lo diseñado y representado en planos. también deben contener: cuadro de análisis de precios y los formatos de la presentación de la propuesta con el objeto de medida y pagos.	¿En dónde aplica? aplica: en todas las fases del proyecto, facetas legales y contractuales, incluyendo la forma de pago y como será guiado; mostrará la relación entre el contratista, el propietario y el interventor.
DISEÑOS DE ESPECIFICACIONES	Elaborado por personal calificado, que pueda adoptarse a cada reto que presente el proyecto, trabajando de la mano con el proyectista. Involucra los siguiente: Claridad, Objetividad, de fácil interpretación y de única interpretación, y, concisas.	Otros aspectos tales como: realismo en las especificaciones, especificaciones restrictivas, especificaciones de producto final, de cooperación, de facilitadora incentivo para mantener actitud cooperativa, interpretación equitativa en donde den espacios para implementar los métodos estadísticos para suplir la necesidad y calidad y control en el producto

Fuente. Elaboración propia.

El reglamento Colombiano de Construcción Sismo Resistente NSR-10 en su Título I-Supervisión Técnica, define los controles a realizar a las especificaciones técnicas, ver en ***Referencia 06*** del documento ***ANEXO N° 2. Textos de Referencias Normativas***.

Teniendo en cuenta los aspectos anteriores es preciso tener en cuenta que al recibir las especificaciones técnicas terminadas debe realizarse un control donde se verifique los requisitos mínimos que deben poseer estas, debe informarse al constructor y a quien corresponda las correcciones o ajustes conforme a las observaciones realizadas por la supervisión técnica ó la interventoría del proyecto.

A modo de ejemplo se presenta a continuación una descripción en la ***Tabla 9*** de la forma en cómo se realizaría dicha revisión de control.

GUÍA PARA SUPERVISIÓN TÉCNICA DE PROYECTOS DE CONSTRUCCIÓN 44

Tabla 9

Cuadro de revisión de control especificaciones técnicas.

ITEM PRESUPUESTO	ESPECIFICACIONES ESTRUCTURA	UNIDAD DE MEDIDA	OBSERVACIONES REALIZADAS POR LA SUPERVISION TECNICA E INTERVENTORIA
	CIMENTACIÓN EDIFICIO APARTAMENTOS		
	MUROS NO ESTRUCTURALES		
XXXXXX	Muros en concreto a la vista del espesor y resistencia del concreto indicado en los planos sgún el nivel y su ubicación. Deben estar dilatados en la parte inferior con icopor de espesor 1,5 cm. La junta solo será marcada según la indicación del plano estructural.	M2	Definir si esta incluido el tratamiento de juntas, definir como se marcara, con icopor o cortadora manual. (Falta definir procedimiento constructivo, forma de pago y tolerancias).
	Mampostería a la vista 21-29 cm (Cerramiento perimetral sótano y divisiones internas)		
XXXXXX	Mampostería en arcilla para aplicación de acabado f'm = 80 Kg/M2 con bloque estructural 29X12X21 para los muros internos que tendrán acabado. Mortero de pega f'cp = 175 Kg/M2. Mortero de relleno tipo grueso 1,25 F'm <= F'cr <= 1,51 F'm. Espesor de mortero de pega vertical y horizontal de 10 mm con tolerancia de 4 mm. La junta será dilatada 1.5 cm, de los muros estructurales y tendrán un elemento de respaldo para la aplicación de un sellante eslástico según las indicaciones de los planos estructurales.	M2	Tipo de sellante elastico o marca de referencia (sika rod, sikaflex ó mortero), determinar tipo de acero de refuerzo vertical para dovelas, determinar tipo de acero horizontal escalerilla o grafil, conectores, anexar modulacion previa la cual debera tener a la mano el personal contratista.
XXXXXX	Mampostería en arcilla a la vista f'm = 80 Kg/M2 con bloque estructural 29X12X10 para los muros de fachada e internos que serán a la vista. Mortero de pega f'cp = 175 Kg/M2. Mortero de relleno tipo grueso 1,25 F'm <= F'cr <= 1,51 F'm. Espesor de mortero de pega vertical y horizontal de 10 mm con tolerancia de 4 mm. La junta será dilatada 1.5 cm, de los muros estructurales y tendrán un elemento de respaldo para la aplicación de un sellante eslástico según las indicaciones de los planos estructurales.	M2	Tipo de sellante elastico o marca de referencia (sika rod, sikaflex ó mortero), determinar tipo de acero de refuerzo vertical para dovelas, determinar tipo de acero horizontal escalerilla o grafil, conectores, anexar modulacion previa la cual debera tener a la mano el personal contratista.

Fuente. Elaboración propia.

Después de atenderse las observaciones y revisión de supervisión técnica se conforman de manera definitiva las especificaciones técnicas con el visto bueno de todas las partes, se consolidan en un solo documento el cual deberá ser firmado por todas las partes que intervinieron en el desarrollo de estas.

GUÍA PARA SUPERVISIÓN TÉCNICA DE PROYECTOS DE CONSTRUCCIÓN

A continuación, se presenta en *Tabla 10* un formato básico sobre la información que debe contener una especificación técnica de una actividad definida.

Tabla 10

Formato de especificación técnica.

ITEM N° XXX	XXXX. (ESCRIBIR AQUÍ NOMBRE DE LA ESPECIFICACIÓN TECNICA).
UNIDAD DE MEDIDA- (Escribir aquí unidad de medida).	
DESCRIPCION: (Escribir aquí descripción y alcance la especificación).	
PROCEDIMIENTO DE EJECUCION: (Escribir el procedimiento como se realizará la ejecución de la actividad).	
ENSAYOS A REALIZAR: (Escribir aquí los ensayos de control de calidad a realizar con su respectiva norma de referencia aplicable y criterios de aceptabilidad).	
MATERIALES: (Escribir los materiales que se utilizaran).	
HERRAMIENTAS Y EQUIPO. (Escribir las herramientas y el equipo que se utilizará).	
DESPERDICIOS Incluidos Si NO	**MANO DE OBRA** Incluida Si NO
REFERENCIAS Y OTRAS NORMAS O ESPECIFICACIONES: (Escribir aquí las normas de referencia aplicables conforme a la actividad).	
MEDIDA Y FORMA DE PAGO: (Escribir forma en que se realizaran los pagos parciales de ejecución de obra de esta activad, definir tipo de divisa).	
OTROS. (Escribir los complementarios que se consideren relevantes).	

Fuente. Elaboración propia.

Además de la información indicada en el formato anterior debe indicarse el nombre del proyecto.

Una vez definidas y aprobadas las especificaciones técnicas del proyecto es preciso tener claro que estas especificaciones deben ser concordantes conforme en lo establecido en los planos de diseño, también concordantes con lo indicado en las normativas legales aplicables vigentes respecto a esta.

A continuación, se presenta a manera de ejemplo las especificaciones técnicas de una estructura en concreto indicadas en el rotulo del plano correspondiente.

Figura 4.

Especificaciones técnicas definidas en planos.

ESPECIFICACIONES

CONCRETO:	f'c= 21 Mpa (210Kg/cm2)
CURADO DEL CONCRETO:	C.5.11: El concreto debe mantenerse húmedo por lo menos 7 días después de la fundición.
RELACION a/mc PARA MEZCLAS DE CONCRETO:	C.4.3.1: Según la clase de exposición, para garantizar durabilidad.
AGREGADOS:	C.3.3.2: Tamaño máximo nominal del agregado grueso.

RESISTENCIA AL FUEGO

GRUPO DE OCUPACIÓN	CATEGORIA	ELEMENTO	TIEMPO
R2	1	Muros Estructurales	1 (una) hora
		Losas Macizas	1 (una) hora
		Muros interiores no portantes	1 (una) hora

ACERO:	Fy = 420 Mpa (4200 Kg/cm²) Corrugado para diametros iguales ó mayores a #3 debe cumplir Norma ASTM A-706. Fy = 420 Mpa (4200 Kg/cm²) liso para barras #2.
MALLAS:	Fy ≥ 420 Mpa (4200 Kg/cm²)
NORMA DISEÑO:	NSR-10

Emitido Para: **CONSTRUCCIÓN**

Fuente. Elaboración propia.

Ejemplo de la Realización: Control de los Materiales

Se comprobará, además, el cumplimiento de los materiales con las propiedades indicadas en los planos y especificaciones, teniendo en cuenta las normas aplicables a cada material y los requisitos mínimos a cumplir para su ingreso y recepción en obra.

Algunos aspectos a tener en cuenta son los siguientes:

- Tipo de Material

- Procedencia

- Fabricante

- Estándares de aceptación de fábrica

- Criterios de aceptación establecidos

- Certificado de calidad de materiales

- Ensayos realizados durante fabricación

- Ensayos a realizar en obra

Para mayor practicidad el Reglamento Colombiano de Construcción Sismo Resistente NSR-10 define los requisitos para el control de los materiales como se muestra en *Tabla 11* a continuación.

Tabla 11

Requisitos de control de materiales.

Ítem	Tema	Referencia
1	Normas técnicas (Obligatoriedad y enumeración).	C.1.5 y C.3.8
2	Ensayo de materiales.	C.3.1
3	Materiales Cementantes.	C.3.2
4	Agregados.	C.3.3
5	Agua.	C.3.4
6	Acero de refuerzo.	C.3.5 y C.21.1.5 y Apéndice C-E
7	Aditivos.	C.3.6
8	Evaluación y aceptación del concreto.	C.5.6

Nota. La tabla contiene los requisitos de control de materiales. Tomado de "Guía para Supervisión Técnica de Estructuras de Concreto" por J. Bobadilla. 2022. (http://www.asesoriaseducativas.com/)

La forma en cómo Los materiales contenidos en la obra deben ser controlados se define mediante un plan de control de calidad, algunos de los materiales a controlar son los que se definen a continuación:

-Mampostería

-Aceros de Refuerzo

-Cemento

-Arena

-Grava

-Materiales de Relleno (Roca Muerta, Base, Sub Base Granular)

-Concreto

-Madera

- Estructuras Metálicas

- Pinturas

- Estucos

- Perfiles Drywal

- Laminas de Yeso ó Fibrocemento

- Materiales Residuales de Construcción y Demolición

- Cimbras y Encofrados (Formaletas)

- Materiales Instalaciones Hidrosanitarias

- Materiales Instalaciones Eléctricas

- Materiales de Urbanismo

Ejemplo de la Realización: Control de Calidad

Para un correcto control de calidad de la obra, se debe elaborar un plan de control de calidad, en el que se debe indicar el tipo de elemento, material ó procedimiento a controlar, la frecuencia con que se tomaran las muestras, los números de ensayos de laboratorio que deben realizarse, normas aplicables y de referencia, criterios y límites de aceptabilidad, además del responsable de cada tipo de control.

Plan de Control de la Calidad

El plan de calidad debe ser aprobado y firmado por el Director de Obra y el Supervisor Técnico Independiente.

En el proceso de realización de la ejecución de obra el Supervisor Técnico Independiente recibe los resultados de los ensayos de laboratorio tomados en obra y realiza el respectivo análisis de resultados determinando de manera objetiva en concordancia con lo definido en el respectivo plan de control de calidad de la obra, planos, normas, especificaciones técnicas con lo cual se define la aceptabilidad ó rechazo de los elementos evaluados.

A continuación, en *Tabla 12* se presenta un ejemplo esquemático de un plan de control de la calidad de una obra de construcción.

GUÍA PARA SUPERVISIÓN TÉCNICA DE PROYECTOS DE CONSTRUCCIÓN

Tabla 12

Ejemplo de plan de control de calidad de una obra de construcción.

			PLAN DE CONTROL DE CALIDAD					
ETAPA DE OBRA	ACTIVIDAD	VARIABLE POR CONTROLAR	NORMA O DOCUMENTO DE REFERENCIA	MÉTODO DE VERIFICACIÓN	CRITERIO DE ACEPTACIÓN	FRECUENCIA	RESPONSABLE	REGISTRO
LOCALIZACIÓN Y REPLANTEO	Verificación de equipos	Verificación de equipos de topografía	N.A.	Revisión de cumplimiento de las directrices establecidas en el procedimiento del control de equipos de medición.	Certificados de calibración vigentes antes del inicio de labores	Al inicio del proyecto y cuando se cumpla la vigencia de los certificados	Topógrafo Residente de obra	Certificado de calibración del equipo
	Localización planimétrica y altimétrica	verificación de coordenadas y niveles	Planos aprobados para construcción	Verificación de niveles y coordenadas de acuerdo con los planos aprobados para construcción	De acuerdo a los planos de diseño	Por elemento	Topógrafo Residente de obra	Cartera topográfica Planos de topografía Planos récord
MOVIMIENTO DE TIERRAS	Excavación	Dimensiones	Planos aprobados para construcción	verificación de coordenadas y niveles en campo	Cumplir con los perfiles de los planos de diseño	Antes y durante la ejecución de la actividad	Residente de obra	Cartera topográfica Bitácora de obra
	Retiro de residuos de construcción y demolición	Cargue y transporte del material	Res. 0472/2017 Gestión de RCD Ministerio de ambiente y desarrollo sostenible Dec. 0771/2018 Alcaldía de Santiago De Cali	Verificación de envío de material a sitio autorizado	Certificado de escombrera o sitio autorizado	Durante la actividad	Residente de obra Residente ambiental	Licencia de la escombrera Certificado de disposición de los residuos
	Rellenos	Características del material	Estudio de suelos	Ensayo de laboratorio	Según lo indicado en el estudio de suelos	Por fuente	Residente de obra	Informe del laboratorio
		Capacidad portante del terreno	Estudio de suelos	Densidad del terreno	≥ 95% Del Proctor modificado	Por capa compactada	Residente de obra	Informe del laboratorio
ESTRUCTURAS EN CONCRETO	Concreto	Características de los materiales	NSR-10 C.3.3 Agregados NTC-174 Especificaciones de los agregados para el concreto	Ensayo de laboratorio	Según lo indicado en la norma	Por fuente	Residente de obra	Informe del laboratorio
		Asentamiento	NSR-10 C.3.1 Ensayos de materiales. NTC-396 Método de ensayo para determinar el asentamiento del concreto	Ensayo de laboratorio	Definido por el diseño de mezcla del concreto	Cada lote o vehículo	Residente de obra	Anotación en remisión del concreto y bitácora de obra
		Resistencia a la compresión	NSR-10 C.5.6 Evaluación y aceptación del concreto NTC-454 Concreto fresco, toma de muestras NTC-673 Ensayo de resistencia a la compresión	Ensayo de laboratorio	100% De la resistencia de diseño	Por jornada de fundición, tipo de concreto o cada 40m3. Edades de ensayo a 7, 14, 28 y 56(Testigos) días	Residente de obra	Informe del laboratorio
	Acero	Resistencia a la tracción Punto de fluencia Doblado Control dimensional y peso	NSR-10 C.3.5.10 Evaluación y aceptación del acero de refuerzo NTC-2289 Barras corrugadas y lisas de acero de baja aleación, para refuerzo de concreto	Ensayo de laboratorio	Según lo indicado en la norma	Cada 200 toneladas de acero nacional o cada 100 toneladas de acero importado, por cada diámetro de barra y cada lote o colada.	Residente de obra	Informe del laboratorio

Fuente. Elaboración propia.

Continuación

Tabla *12*

Ejemplo de plan de control de calidad de una obra de construcción.

MAMPOSTERÍA	Bloques	Absorción inicial Absorción total Estabilidad dimensional Resistencia a la compresión	NSR-10 D.3.8 Evaluación y aceptación de la mampostería	Ensayo de laboratorio	Según lo indicado en la norma	Una unidad por cada doscientos (200) metros cuadrados de muro construido o cinco (5) unidades por cada lote de producción hasta de 5000 unidades o menos	Residente de obra	Informe del laboratorio
	Mortero de pega	Resistencia a la compresión	NSR-10 D.3.8 Evaluación y aceptación de la mampostería	Ensayo de laboratorio	100% De la resistencia de diseño	Cada doscientos (200) metros cuadrados de muro construido o por cada día de pega	Residente de obra	Informe del laboratorio
	Mortero de relleno	Resistencia a la compresión	NSR-10 D.3.8 Evaluación y aceptación de la mampostería	Ensayo de laboratorio	100% De la resistencia de diseño	Cada diez (10) metros cúbicos de mortero inyectado o por cada día de inyección.	Residente de obra	Informe del laboratorio
	Muretes	Resistencia a la compresión	NSR-10 D.3.8 Evaluación y aceptación de la mampostería	Ensayo de laboratorio	100% De la resistencia de diseño	Cada quinientos (500) metros cuadrados de muro construido	Residente de obra	Informe del laboratorio
	Revisión de tolerancias	Dimensiones	NSR-10 D.4.5.10 Construcción del muro	Verificación de la verticalidad y alineación de los muros	Según lo especificado en la norma	Por elemento	Residente de obra	Anotación en bitácora
MUROS LIVIANOS	Revisión de tolerancias	Estabilidad estructural Dimensiones Acabado	NSR 10. TITULA A, Capitulo A.9.	Verificación de la estabilidad estructural, alineamiento, verticalidad, planitud y acabado.	Según los criterios establecidos por el cliente	Por elemento	Residente de obra	Anotación en bitácora

Fuente. Elaboración propia.

GUÍA PARA SUPERVISIÓN TÉCNICA DE PROYECTOS DE CONSTRUCCIÓN

Continuación

Tabla *12*

Ejemplo de plan de control de calidad de una obra de construcción.

ESTRUCTURAS METÁLICAS	Planos de taller y montaje	Planos	NSR-10 F.2.13.1 Planos de taller y montaje	Revisión	Según lo especificado en la norma	Antes de iniciar la actividad	Residente de obra	Planos de taller
	Acero estructural	Insumos	NSR-10 F.2.1.5 Acero estructural	Ensayo de laboratorio	Según lo especificado en la norma	Por lote	Residente de obra	Informes certificados expedidos por la acería, o los reportes de ensayos realizados por el fabricante o por un laboratorio reconocido
	Inspección de soldaduras	Soldadura	NSR-10 F.2.14.5.4 Inspección de las soldaduras NSR-10 F.2.14.5.5 Ensayos no destructivos para juntas soldadas	Inspección visual Ensayo de ultrasonido o de tintes penetrantes	Según lo especificado en la norma	Por elemento	Residente de obra	Anotación en bitácora Informe del ensayo
	Pintura	Acabado	NSR-10 F.2.13.3. Pintura de taller	Inspección visual	Según lo especificado en la norma	Por elemento	Residente de obra	Anotación en bitácora
REDES HIDROSANITARIAS	Instalaciones hidráulicas	Prueba hidrostática	NTC-1500 Código colombiano de instalaciones hidráulicas y sanitarias	Garantizar la presión de trabajo y el sello de las juntas	Presión Inicial 145 Lb por 4 horas min, diferencia de +/- 5	Por elemento	Residente de obra	Anotación en bitácora
	Instalaciones sanitarias	Flujo Estanqueidad Pendientes	NTC-1500 Código colombiano de instalaciones hidráulicas y sanitarias	Capacidad de conducción del sistema Identificación de fugas o filtraciones Verificación de pendientes	Continuidad del flujo en las cajas de inspección No presencia de filtraciones Pendientes entre el 0,5% y 2%	Por elemento	Residente de obra	Anotación en bitácora
	Instalaciones de la red contra incendios	Prueba hidrostática	NFPA-14 Norma para la instalación de sistemas de montantes y mangueras	Garantizar la presión de trabajo y el sello de las juntas	Presión Inicial 145 Lb por 4 horas min, diferencia de +/- 5	Por elemento	Residente de obra	Anotación en bitácora
RED DE GAS	Instalaciones de gas	Prueba de hermeticidad	NTC-2505 Instalaciones para suministro de gas combustible destinadas a usos residenciales y comerciales	Garantizar la presión de trabajo y el sello de las juntas	Cumplimiento de la hermeticidad del sistema	Por elemento	Residente de obra	Informe entregado por la empresa pública de gases Anotación en bitácora
REDES ELÉCTRICAS	Instalaciones eléctricas	Prueba de funcionamiento	NTC-2050 Código eléctrico colombiano	Pruebas eléctricas	Funcionalidad de toda las redes y sistemas eléctricos	Por elemento	Residente de obra	Certificación RETIE Certificación RETILAP
ELEVA PERSONAS	Instalación de elevadores	Funcionalidad	N.A.	Funcionamiento acorde a especificaciones	Puesta en servicio	Por elemento	Residente de obra	Dossier de calidad del equipo Anotación en bitácora

Fuente. Elaboración propia.

Ensayos de Control de Calidad

Para garantizar la calidad de lo construido deben evaluarse los materiales utilizados mediante ensayos de laboratorio que nos arrojaran información objetiva sobre la calidad de lo que se ha construido, permitiendo así tomar decisiones relevantes sobre la aceptabilidad o rechazo de estos elementos, según el Reglamento Colombiano de Construcción Sismo Resistente NSR-10 el Supervisor Técnico Independiente y el Director de Obra deben aprobar el laboratorio para la toma de muestras y verificar que este este certificado, en la *Tabla 13* se presentan los requisitos para ensayos de control de calidad.

Tabla 13

Requisitos para ensayos de control de calidad.

Ítem	Tema	Referencia
1	Normas técnicas (Obligatoriedad y enumeración)	C.1.5 y C.3.8
2	Definiciones	C.2.2
3	Ensayo de materiales	C.3.1
4	Acero de refuerzo	C.3.5 y C.21.1.5 y Apéndice C-E
5	Requisitos de durabilidad	Capítulo C.4
6	Dosificación de las mezclas de concreto	C.5.2
7	Evaluación y aceptación del concreto	C.5.6 y C.21.1.4
8	Evaluación y aceptación del refuerzo	C.3.5.10 y Apéndice C-E
9	Diámetros mínimos de doblado	C.7.2
10	Doblado	C.7.3
11	Tanques y compartimientos estancos+	Capítulo C.23
12	Concreto estructural simple*	Capítulo C.22
+ Este tema no incluye los requerimientos normativos. * Este tema no se trata en la guía		

Nota. La tabla contiene los requisitos de los ensayos de control de calidad. Tomado de "Guía para Supervisión Técnica de Estructuras de Concreto" por J. Bobadilla. 2022. (http://www.asesoriaseducativas.com/)

A continuación, se presenta la descripción de los ensayos más utilizados en una obra de construcción.

Mampostería

En control de calidad en las unidades de mampostería tiene como función verificar el cumplimiento de las características que garanticen la calidad mediante pruebas normalizadas conforme a las normas vigentes de referencia.

Para la construcción se deberán realizar los ensayos especificados en la NTC 4024 contenido de humedad, absorción, densidad (cuando se requiera), resistencia a la compresión, y requisitos de estabilidad dimensional, apariencia, acabado y contracción lineal por secado suministrado por los fabricantes de estas unidades.

Respecto al muestreo de unidades de mampostería para realizar control de calidad de conformidad con lo indicado en la norma técnica NTC 4 024 (a la cual nos remite la NTC 4076 y la NTC 4026), además del Reglamento Colombiano de Construcción Sismo Resistente NSR-10, el control se realiza de la siguiente manera: Una compra ó producción de unidades de mampostería de características únicas ó iguales como tamaño, resistencia, forma, debe dividirse en lotes que comprenden 10.000 unidades de mampostería.

De cada lote o remanente, se toma aleatoriamente una muestra de cinco unidades como muestra de ensayo, representativa del respectivo lote. Se realizarán pruebas de absorción, densidad, resistencia la compresión y humedad en cada unidad de mampostería respectivamente.

Entre la medición de la humedad y el contenido de absorción, se puede evaluar acabado y dimensión.

Cuando se va a evaluar el contenido de humedad del lote se deben tomar las muestras durante la entrega; en otras palabras, en la fábrica, si se trata del constructor o un intermediario quien realiza el transporte de las unidades de mampostería, o en la obra de construcción si es el fabricante.

Termina cualquier responsabilidad del fabricante cuando se cumple con este parámetro.

Una vez que se han seleccionado cinco muestras de cada una, deben almacenarse individualmente en una bolsa hermética para un uso en laboratorio de ensayos.

Para la actividad de mampostería se debe llevar un control de calidad que consta de lo siguiente:

- Compresión Cilindros de Mortero de Pega
- Compresión Cilindros de Mortero de Relleno
- Compresión Muretes de Mampostería
- Compresión de Unidades de Mampostería
- Tasa Inicial de Absorción
- Absorción Total Unidad de Mampostería
- Control Dimensional de Unidades de Mampostería

Concreto

Frecuencia de los Ensayos

Las muestras para el ensayo de resistencia a la compresión de cada tipo de concreto vaciado diariamente en obra se deben tomar por lo menos una vez al día, tomarse por lo menos una vez cada 40 m3 de concreto de la misma f´c vaciado en obra, y no menor a una vez cada 200 m2 de superficie de muros ó losas de concreto vaciado en la obra.

Asimismo, se deberá tomar al menos una muestra por cada 50 lotes de concreto de cada tipo.

Si, para un proyecto dado, la masa ó volumen total de concreto vaciado es tal que la frecuencia de los ensayos especificados en el párrafo anterior proporciona menos de cinco ensayos de resistencia para cada tipo de hormigón en cuestión, los ensayos se realizarán presentes en al menos cinco ensayos aleatorios, lotes o en cada lote donde se utilice menos de cinco.

La prueba de resistencia es la resistencia promedio de al menos dos especímenes de 150 x 300 mm o al menos tres de 100 x 200 mm hechos de la misma muestra de concreto y ensayados después de 28 días ó a la edad que se haya especificado para poder determinar f'c.

La resistencia del concreto en este grado se considera satisfactoria si se cumplen los dos requisitos siguientes:

a) Cada promedio de tres pruebas de resistencia consecutivas es igual o mayor que f'c'.

b) Ningún resultado de prueba de resistencia es menor que f'c a más de 3.5 MPa cuando f'c es 35 MPa o menos; o superior a 0,10f'c, si f'c es superior a 35MPa.

Los ensayos que deben realizarse al concreto fresco y concreto independientemente de la función del proyecto a ejecutar, son los siguientes:

GUÍA PARA SUPERVISIÓN TÉCNICA DE PROYECTOS DE CONSTRUCCIÓN

Ensayos al concreto fresco.

1. Ensayo de asentamiento.

Figura 5

Asentamiento.

Fuente. Elaboración propia.

2. Ensayo Vebe.

Figura 6

Consistometro Vebe.

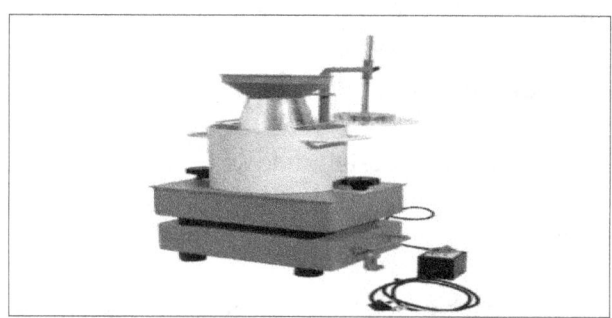

Nota. La imagen contiene consistometro Vebe. Tomado de "Consistometro Vebe" por COTECNO, 2022. (https://www.cotecno.cl/consistometro-vebe-2/)

GUÍA PARA SUPERVISIÓN TÉCNICA DE PROYECTOS DE CONSTRUCCIÓN

Ensayos al concreto endurecido.

1. Preparación de muestras y curado para pruebas de resistencia.

Figura 7

Probetas de Ensayo.

Nota. La imagen contiene probetas de ensayo. Tomado de "Curso de Prácticas de Materiales de Construcción" por Universidad De La Laguna, 2012. (https://campusvirtual.ull.es/ocw/course/view.php?id=46)

2. Determinar la resistencia a la compresión de la muestra de concreto.

Figura 8

Ensayo Compresión.

Nota. La imagen contiene ensayo de compresión. Tomado de "Curso de Prácticas de Materiales de Construcción" por Universidad De La Laguna, 2012. (https://campusvirtual.ull.es/ocw/course/view.php?id=46)

GUÍA PARA SUPERVISIÓN TÉCNICA DE PROYECTOS DE CONSTRUCCIÓN 60

3. Determinación de la profundidad de penetración de agua sometida a presión.

Figura 9

Equipo Ensayo Penetración de Agua Bajo Presión.

Nota. La imagen contiene Ensayo penetración de agua bajo presión. Tomado de "Curso de Prácticas de Materiales de Construcción" por Universidad De La Laguna, 2012. (https://campusvirtual.ull.es/ocw/course/view.php?id=46)

4. Determinación de la resistencia a la tracción indirecta de la muestra de concreto.

Figura 10

Rotura Probeta Tracción Indirecta.

Nota. La imagen contiene rotura probeta tracción indirecta. Tomado de "Curso de Prácticas de Materiales de Construcción" por Universidad De La Laguna, 2012. (https://campusvirtual.ull.es/ocw/course/view.php?id=46)

Ensayos al concreto endurecido y puesto en servicio.

1. Determinación de la corrosión de las armaduras de acero de refuerzo.

    Determinar la profundidad de carbonatación en el concreto endurecido y durante su puesta en servicio.

Figura 11

Frente Homogéneo.

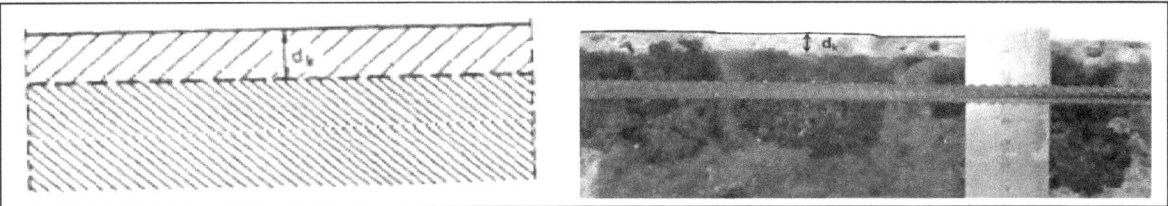

Nota. La imagen contiene frente homogéneo. Tomado de "Curso de Prácticas de Materiales de Construcción" por Universidad De La Laguna, 2012. (https://campusvirtual.ull.es/ocw/course/view.php?id=46)

2. Medición del recubrimiento del concreto y la respectiva localización de las barras de acero de refuerzo.

Figura 12

Determinación de Recubrimiento.

Nota. La imagen contiene determinación de recubrimiento. Tomado de "Curso de Prácticas de Materiales de Construcción" por Universidad De La Laguna, 2012. (https://campusvirtual.ull.es/ocw/course/view.php?id=46)

GUÍA PARA SUPERVISIÓN TÉCNICA DE PROYECTOS DE CONSTRUCCIÓN   62

3. Prueba del concreto en la estructura: Ensayos no destructivos. Utilización del martillo de rebote ó esclerómetro para determinar del índice de rebote.

Figura 13

Determinación de Índice de Rebote.

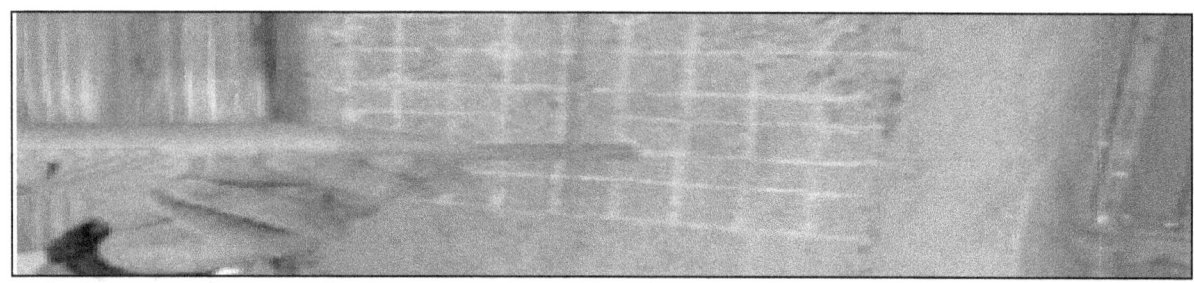

Nota. La imagen contiene determinación de índice de rebote. Tomado de "Curso de Prácticas de Materiales de Construcción" por Universidad De La Laguna, 2012. (https://campusvirtual.ull.es/ocw/course/view.php?id=46)

4. Prueba del concreto en la estructura: Determinar la velocidad del pulso ultrasónico. Transmisión en directo.

Figura 14

Medida de Transmisión Directa Ultrasonido.

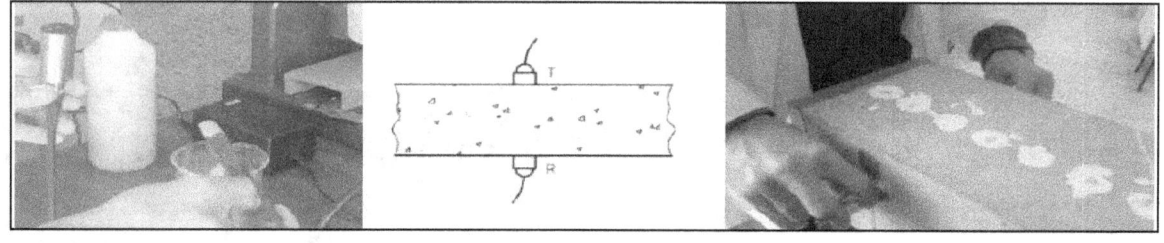

Nota. La imagen contiene medida de transmisión directa ultrasonido. Tomado de "Curso de Prácticas de Materiales de Construcción" por Universidad De La Laguna, 2012. (https://campusvirtual.ull.es/ocw/course/view.php?id=46)

5. Prueba del concreto en la estructura: Determinar la velocidad del pulso ultrasónico. Transmisión no directa.

Figura 15

Medida de Transmisión Indirecta Ultrasonido.

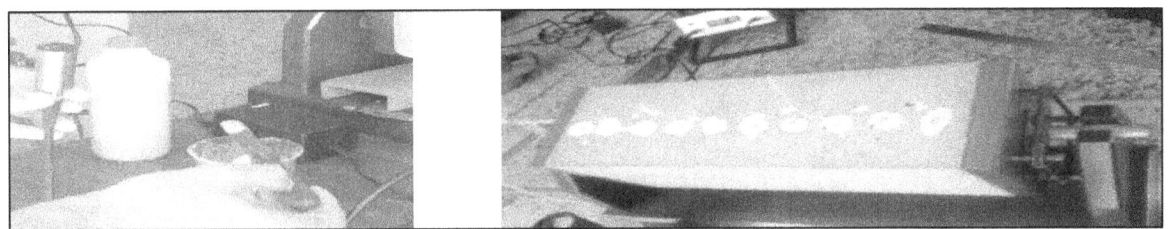

Nota. La imagen contiene medida de transmisión indirecta ultrasonido. Tomado de "Curso de Prácticas de Materiales de Construcción" por Universidad De La Laguna, 2012. (https://campusvirtual.ull.es/ocw/course/view.php?id=46)

Los resultados de estas pruebas no pretenden predecir el comportamiento del concreto en la estructura, las diversas variables que tienen lugar durante la construcción afectan las propiedades del concreto vaciado, además va mucho más allá del control de supervisión técnica independiente que se realice.

El concreto tiene propiedades que corresponden a las cualidades o características que determinan sus propiedades principales las cuales son: durabilidad, cohesividad, resistencia, trabajabilidad.

Evaluación y Aceptación del Concreto

Al momento de realizar trabajos de construcción que tengan que ver con el vaciado de concreto, necesitamos saber si el concreto que estamos utilizando cumple con óptimas condiciones de calidad, de lo cual el analista necesita tomar muestras conforme a la normativa vigente y adecuadas para su posterior análisis; el muestreo es aleatorio y se toman al menos dos cilindros (muestras) de cada lote, y si el lote es demasiado grande, se sub-lotea y se muestrea.

Después del tratamiento en laboratorio, los cilindros se someten a una carga de compresión a los 28 días para probar su resistencia; a continuación, se expone un ejemplo de mejor comprensión.

Ejemplo de Análisis para la Aceptabilidad del Concreto

Para este caso un ensayo de resistencia es el promedio de las resistencias de dos (2) probetas de 150 por 300 mm que fueron las utilizadas en obra, preparadas de la misma muestra de concreto y ensayadas a 28 días, edad que se estableció para la determinación de f'c según el diseño.

A continuación, se presenta un ejemplo en donde se determina la aceptabilidad del concreto conforme a los resultados obtenidos de las muestras de laboratorio.

Para este ejemplo el concreto se diseñó para una resistencia de f'c=21 MPa.

Tras el registro de la información se encuentra que la muestra **N° 278** resaltada en color rojo obtuvo valores por debajo del valor requerido de F'c.

GUÍA PARA SUPERVISIÓN TÉCNICA DE PROYECTOS DE CONSTRUCCIÓN

Tabla 14

Registro de muestras de concreto.

MUESTRA N°	DESCRIPCION	FECHA	PROBETA 1	PROBETA 2
273	Muro de contecion modulo1 eje (B2)-(6-8) Col sotano a piso 1 eje (B2-7), (C2-8), (C2-7) antepecho e=10=9, (15:22) 28 dias	10/05/2019	30,3	29,7
274	Placa punto fijo de escalera y ascensor torre A,(16:30) 28 dias	10/05/2009	30,3	30,7
275	Placa primer piso parqueadero eje (D2'- G2)-(6-11),(7:30) 28 dias	11/05/2019	20,1	23,2
276	Placa primer piso parqueadero ejes (D2-G2)-(6-11),(11:20) 28 dias	11/05/2019	24,6	24,5
277	Escalera torre B P5 a P6 antepechos piso 10,(11:20) 28 dias	11/05/2019	30,6	30,7
278	Col de parqueadero P1 a P2 ejes (G2-10), (F2-10), (E2-10), (G2-8) antepechos piso 11 placa deck piscina, (14:40) 56 dias	13/05/2019	18,5	18,4
279	Placa deck piscina ejes (N2-B12)-(8-11),(16:40) 28 dias	13/05/2019	25,2	24,5
280	Torre B escalera P6 a P7 antepechos piso 10,(13:16) 28 dias	14/05/2019	28,1	28,1
281	Col parqueadero P1 a P2 (F2-8) (E2-8) antepechos piso10,(16:30) 28 dias	14/05/2019	29,2	29,3
282	Muros nuevos en concreto en zona piscina antepechos piso 11,(14:15) 28 dias	1/05/2019	24,5	23,9
283	Placa parqueadero piso 1 ejes (B2-C2) (6-11),(7:00) 28 dias	16/05/2019	30,5	30,3

Fuente. Elaboración propia.

La primera columna color gris hace referencia a los días en que se tomaron las muestras, la segunda columna color gris es el ensayo realizado al primer cilindro, y la tercera columna gris es el ensayo realizado al segundo cilindro. Los valores son se registraron en Mpa (Megapascales) para mayor practicidad.

Para definir la aceptabilidad debemos tener en cuenta lo siguiente:

La norma ACI 318S-19, en su apartado 5.6.3.3 y la NSR-10 CAPITULO C-5, literal C.5.6.3.3 nos dicen lo mismo:

Criterio 1

(a) promedio aritmético de 3 ensayos consecutivos debe ser igual ó superior a F'c.

Criterio 2

(b) Ningún resultado de resistencia debe ser menor que F'c por más de 3.5 Mpa cuando F'c es 35 Mpa ó menor, ó por mas de 0,10 F´c cuando F'c es mayor a 35 Mpa.

Según lo enunciado anteriormente el nivel de resistencia de una clase determinada de concreto se considera satisfactorio si cumple con los requisitos siguientes:

Cada promedio aritmético de tres ensayos de resistencia consecutivos es igual o superior a f'c (resistencia a la compresión del concreto) conforme al diseño.

Ningún resultado individual del ensayo de resistencia (promedio de dos cilindros) es menor que f'c por más de 3.5 MPa cuando f'c es 35 MPa o menor, o por más de 0.10 f'c cuando f'c es mayor a 35 MPa.

Entonces se procede a aplicar el segundo punto (CRITERIO 2) para obtener el promedio de los dos cilindros, para cada uno de las fechas:

Promedio= $(30,3 + 29,1)/2 = 30,0$ MPa.

Entonces el promedio de los dos cilindros fallados a compresión corresponde al resultado de un ensayo individual de muestra de concreto así:

Promedio = $(30,3 + 29,1)/2 =$ **30,0 MPa = 1 Resultado individual**

Como se muestra a continuación:

GUÍA PARA SUPERVISIÓN TÉCNICA DE PROYECTOS DE CONSTRUCCIÓN

Tabla 15

Identificación de muestra con bajo resultado.

N°	MUESTRAS DE LABORATORIO DESCRIPCION	FECHA	PROBETA 1	PROBETA 2	b) >f'c-3.5 PROMEDIO CRITERIO 2
273	Muro de contecion modulo1 eje (B2)-(6-8) Col sotano a piso 1 eje (B2-7), (C2-8), (C2-7) antepecho e=10=9, (15:22) 28 dias	10/05/2019	30,3	29,7	30,0
274	Placa punto fijo de escalera y ascensor torre A,(16:30) 28 dias	10/05/2009	30,3	30,7	30,5
275	Placa primer piso parqueadero eje (D2'- G2)-(6-11),(7:30) 28 dias	11/05/2019	20,1	23,2	21,65
276	Placa primer piso parqueadero ejes (D2-G2)-(6-11),(11:20) 28 dias	11/05/2019	24,6	24,5	24,55
277	Escalera torre B P5 a P6 antepechos piso 10,(11:20) 28 dias	11/05/2019	30,6	30,7	30,65
278	Col de parqueadero P1 a P2 ejes (G2-10), (F2-10), (E2-10), (G2-8) antepechos piso 11 placa deck piscina, (14:40) 56 dias	13/05/2019	18,5	18,4	18,45
279	Placa deck piscina ejes (N2-B12)-(8-11),(16:40) 28 dias	13/05/2019	25,2	24,5	24,85
280	Torre B escalera P6 a P7 antepechos piso 10,(13:16) 28 dias	14/05/2019	28,1	28,1	28,1
281	Col parqueadero P1 a P2 (F2-8) (E2-8) antepechos piso10,(16:30) 28 dias	14/05/2019	29,2	29,3	29,25
282	Muros nuevos en concreto en zona piscina antepechos piso 11,(14:15) 28 dias	1/05/2019	24,5	23,9	24,2
283	Placa parqueadero piso 1 ejes (B2-C2) (6-11),(7:00) 28 dias	16/05/2019	30,5	30,3	30,4

Fuente. Elaboración propia.

Procedemos a aplicar el primer punto (CRITERIO 1) de las normas ACI 318S-19, y NSR10 tomando los tres datos de resultados individuales consecutivos obtenidos con el procedimiento indicado en el punto dos (CRITERIO 2) conforme a las normas citadas y los promediamos: promedio= (30,0 + 30,5 + 21,65)/3= 27,4 MPa.

Tabla 16

Aplicación del criterio 1 para análisis de resultados.

	MUESTRAS DE LABORATORIO				b) >f'c-3.5	a) >f'c
N°	DESCRIPCION	FECHA	PROBETA 1	PROBETA 2	PROMEDIO CRITERIO 2	PROMEDIO CRITERIO 1
273	Muro de contecion modulo1 eje (B2)-(6-8) Col sotano a piso 1 eje (B2-7), (C2-8), (C2-7) antepecho e=10=9, (15:22) 28 dias	10/05/2019	30,3	29,7	30,0	29,2
274	Placa punto fijo de escalera y ascensor torre A,(16:30) 28 dias	10/05/2009	30,3	30,7	30,5	29,9
275	Placa primer piso parqueadero eje (D2'-G2)-(6-11),(7:30) 28 dias	11/05/2019	20,1	23,2	21,65	27,4
276	Placa primer piso parqueadero ejes (D2-G2)-(6-11),(11:20) 28 dias	11/05/2019	24,6	24,5	24,55	25,6
277	Escalera torre B P5 a P6 antepechos piso 10,(11:20) 28 dias	11/05/2019	30,6	30,7	30,65	25,6
278	Col de parqueadero P1 a P2 ejes (G2-10), (F2-10), (E2-10), (G2-8) antepechos piso 11 placa deck piscina, (14:40) 56 dias	13/05/2019	18,5	18,4	18,45	24,6
279	Placa deck piscina ejes (N2-B12)-(8-11),(16:40) 28 dias	13/05/2019	25,2	24,5	24,85	24,7
280	Torre B escalera P6 a P7 antepechos piso 10,(13:16) 28 dias	14/05/2019	28,1	28,1	28,1	23,8
281	Col parqueadero P1 a P2 (F2-8) (E2-8) antepechos piso10,(16:30) 28 dias	14/05/2019	29,2	29,3	29,25	27,4
282	Muros nuevos en concreto en zona piscina antepechos piso 11,(14:15) 28 dias	1/05/2019	24,5	23,9	24,2	27,2
283	Placa parqueadero piso 1 ejes (B2-C2) (6-11),(7:00) 28 dias	16/05/2019	30,5	30,3	30,4	28,0

Fuente. Elaboración propia.

Continuamos con el mismo procedimiento para obtener todos los datos del análisis realizado; se suele cometer el error de interpretación al intentar realizar el procedimiento del primer punto (CRITERIO 1) respecto a las normas citadas, teniendo en cuenta que al final de nuestro cuadro de registro de datos no se cuenta con los tres datos necesarios para promediarlos y solamente promedian con los dos consecutivos, la norma es muy clara en cuanto lo indica en el punto 1 nos dice: "El promedio de los tres datos consecutivos".

Según la experiencia de los autores de la presente guía se han podido dar cuenta que comúnmente solo se registra los datos de resultados de probetas individuales y se promedia conforme al punto dos (CRITERIO 2) omitiendo el límite de tolerancia establecido en el mismo, sólo aplicándose el límite (mayor que F'c) y omitiendo el límite de tolerancia de que (ningún promedio es menor que f'c por más de 3.5 MPa cuando f'c es 35 MPa o menor, o por más de 0.10 f'c cuando f'c es mayor a 35 MPa), lo correcto es calcular el promedio de las dos (2) probetas ó especímenes y definir si cumple con estos dos límites de aceptabilidad mayor que F´c (>f'c) y máximo menos -3,5 (-3.5 F´c).

Con lo anterior ya se ha definido y realizado la parte matemática normativa para definir la aceptabilidad del concreto, ahora toca aplicar los criterios de aceptación.

Repasando el punto uno tenemos:

GUÍA PARA SUPERVISIÓN TÉCNICA DE PROYECTOS DE CONSTRUCCIÓN

Tabla 17

Aplicación del criterio 2 para análisis de resultados.

N°	DESCR.	FECHA	PROB. 1	PROB. 2	b) >f'c-3.5 PROM. CRITERIO 2	a) >f'c PROM. CRITERIO 1	CRIT. 2 F'c-3,5 Mpa	CRIT. 1 F'c	ACEPTACION CRIT. 1 >F'c	ACEPTACION CRIT. 2 F'c-3,5 Mpa
273	Muro de contecion modulo1 eje (B2)-(6-8) Col sotano a piso 1 eje (B2-7), (C2-8), (C2-7) antepecho e=10=9, (15:22) 28 dias	10/05/2019	30,3	29,7	30,0		17,5	21,0		CUMPLE
274	Placa punto fijo de escalera y ascensor torre A,(16:30) 28 dias	10/05/2009	30,3	30,7	30,5		17,5	21,0		CUMPLE
275	Placa primer piso parqueadero eje (D2'- G2)-(6-11),(7:30) 28 dias	11/05/2019	20,1	23,2	21,65	27,4	17,5	21,0	CUMPLE	CUMPLE
276	Placa primer piso parqueadero ejes (D2-G2)-(6-11),(11:20) 28 dias	11/05/2019	24,6	24,5	24,55	25,6	17,5	21,0	CUMPLE	CUMPLE
277	Escalera torre B P5 a P6 antepechos piso 10,(11:20) 28 dias	11/05/2019	30,6	30,7	30,65	25,6	17,5	21,0	CUMPLE	CUMPLE
278	Col de parqueadero P1 a P2 ejes (G2-10), (F2-10), (E2-10), (G2-8) antepechos piso 11 placa deck piscina, (14:40) 56 dias	13/05/2019	18,5	18,4	18,45	24,6	17,5	21,0	CUMPLE	CUMPLE
279	Placa deck piscina ejes (N2-B12)-(8-11),(16:40) 28 dias	13/05/2019	25,2	24,5	24,85	24,7	17,5	21,0	CUMPLE	CUMPLE
280	Torre B escalera P6 a P7 antepechos piso 10,(13:16) 28 dias	14/05/2019	28,1	28,1	28,1	23,8	17,5	21,0	CUMPLE	CUMPLE
281	Col parqueadero P1 a P2 (F2-8) (E2-8) antepechos piso10,(16:30) 28 dias	14/05/2019	29,2	29,3	29,25	27,4	17,5	21,0	CUMPLE	CUMPLE
282	Muros nuevos en concreto en zona piscina antepechos piso 11,(14:15) 28 dias	1/05/2019	24,5	23,9	24,2	27,2	17,5	21,0	CUMPLE	CUMPLE
283	Placa parqueadero piso 1 ejes (B2-C2) (6-11),(7:00) 28 dias	16/05/2019	30,5	30,3	30,4	28,0	17,5	21,0	CUMPLE	CUMPLE

Fuente. Elaboración propia.

Observamos que para la muestra **N° 278** fundida el día 13 de mayo de 2019, la cual estaba en duda por haber obtenido resultados individuales de probetas y de promedio de dos (2) probetas por debajo de F´c, conforme a los criterios de aceptación definidos en la norma los ensayos cumplen con lo mencionado en las mismas por lo tanto "el criterio 1 se cumple" teniendo en cuenta que el promedio móvil de tres resultados consecutivos de muestras de laboratorio individuales tiene un valor mayor al del F'c de diseño especificado.

Entonces tenemos que F´c obtenido 246 Kg/cm^2 > F´c diseño 210 Kg/cm^2. Y así hacemos nuestro análisis para todas las fechas o días.

Pero lo anterior no quiere decir que hemos aceptado el concreto que hemos colocado en nuestra estructura, antes de dar un criterio definitivo lo debemos comprobar aplicando el segundo criterio de las normas ACI 318S-19 Y NSR10 como sigue a continuación:

GUÍA PARA SUPERVISIÓN TÉCNICA DE PROYECTOS DE CONSTRUCCIÓN

Tabla 18

Análisis de los resultados obtenidos al aplicar los criterios 1 y 2.

N°	MUESTRAS DE LABORATORIO				b) >f'c-3.5	a) >f'c	CRIT. 2	CRIT. 1	ACEPTACION	
	DESCR.	FECHA	PROB. 1	PROB. 2	PROM. CRITERIO 2	PROM. CRITERIO 1	F´c.-3,5 Mpa	F´c	CRIT. 1 >F´c	CRIT. 2 F´c-3,5 Mpa
273	Muro de contecion modulo1 eje (B2)-(6-8) Col sotano a piso 1 eje (B2-7), (C2-8), (C2-7) antepecho e=10=9, (15:22) 28 dias	10/05/2019	303,00	297,00	300	292	175	210	CUMPLE	CUMPLE
274	Placa punto fijo de escalera y ascensor torre A,(16:30) 28 dias	10/05/2009	303,00	307,00	305	299	175	210	CUMPLE	CUMPLE
275	Placa primer piso parqueadero eje (D2'-G2)-(6-11),(7:30) 28 dias	11/05/2019	201,00	232,00	216,5	274	175	210	CUMPLE	CUMPLE
276	Placa primer piso parqueadero ejes (D2-G2)-(6-11),(11:20) 28 dias	11/05/2019	246,00	245,00	245,5	256	175	210	CUMPLE	CUMPLE
277	Escalera torre B P5 a P6 antepechos piso 10,(11:20) 28 dias	11/05/2019	306,00	307,00	306,5	256	175	210	CUMPLE	CUMPLE
278	Col de parqueadero P1 a P2 ejes (G2-10), (F2-10), (E2-10), (G2-8) antepechos piso 11 placa deck piscina, (14:40) 56 dias	13/05/2019	185,00	184,00	184,50	246	175	210	CUMPLE	**CUMPLE**
279	Placa deck piscina ejes (N2-B12)-(8-11),(16:40) 28 dias	13/05/2019	252,00	245,00	248,5	247	175	210	CUMPLE	CUMPLE
280	Torre B escalera P6 a P7 antepechos piso 10,(13:16) 28 dias	14/05/2019	281,00	281,00	281	238	175	210	CUMPLE	CUMPLE
281	Col parqueadero P1 a P2 (F2-8) (E2-8) antepechos piso10,(16:30) 28 dias	14/05/2019	292,00	293,00	292,5	274	175	210	CUMPLE	CUMPLE
282	Muros nuevos en concreto en zona piscina antepechos piso 11,(14:15) 28 dias	1/05/2019	245,00	239,00	242	272	175	210	CUMPLE	CUMPLE
283	Placa parqueadero piso 1 ejes (B2-C2) (6-11),(7:00) 28 dias	16/05/2019	305,00	303,00	304	280	175	210	CUMPLE	CUMPLE

Fuente. Elaboración propia.

Si analizamos el segundo criterio obtenemos la siguiente fórmula para la aceptación del concreto: 21 MPa - 3.5=17.5 MPa. Esto nos quiere decir que si el promedio de los dos cilindros es menor a 17.5 MPa es decir 175 Kg/cm^2 será rechazado; y como observamos además de cumplir con el primer criterio en nuestro ejemplo, para el segundo criterio también se cumple con la norma por lo tanto el concreto será

GUÍA PARA SUPERVISIÓN TÉCNICA DE PROYECTOS DE CONSTRUCCIÓN

aceptado.

A continuación, se presentan todos los resultados de cada uno de los días de nuestro ejemplo:

Tabla 19

Aceptación de los resultados de la muestra de concreto en cuestión.

N°	\multicolumn{3}{MUESTRAS DE LABORATORIO}			b) >f'c-3.5	a) >f'c	CRIT. 2	CRIT. 1	ACEPTACION	
	DESCR.	FECHA	PROB. 1	PROB. 2	PROM. CRITERIO 2	PROM. CRITERIO 1	F´c.-3,5 Mpa	F´c	CRIT. 1 >F´c	CRIT. 2 F´c-3,5 Mpa
273	Muro de contecion modulo1 eje (B2)-(6-8) Col sotano a piso 1 eje (B2-7), (C2-8), (C2-7) antepecho e=10=9, (15:22) 28 dias	10/05/2019	303,00	297,00	300	292	175	210	CUMPLE	CUMPLE
274	Placa punto fijo de escalera y ascensor torre A,(16:30) 28 dias	10/05/2009	303,00	307,00	305	299	175	210	CUMPLE	CUMPLE
275	Placa primer piso parqueadero eje (D2'-G2)-(6-11),(7:30) 28 dias	11/05/2019	201,00	232,00	216,5	274	175	210	CUMPLE	CUMPLE
276	Placa primer piso parqueadero ejes (D2-G2)-(6-11),(11:20) 28 dias	11/05/2019	246,00	245,00	245,5	256	175	210	CUMPLE	CUMPLE
277	Escalera torre B P5 a P6 antepechos piso 10,(11:20) 28 dias	11/05/2019	306,00	307,00	306,5	256	175	210	CUMPLE	CUMPLE
278	Col de parqueadero P1 a P2 ejes (G2-10), (F2-10), (E2-10), (G2-8) antepechos piso 11 placa deck piscina, (14:40) 56 dias	13/05/2019	185,00	184,00	184,50	246	175	210	CUMPLE	CUMPLE
279	Placa deck piscina ejes (N2-B12)-(8-11),(16:40) 28 dias	13/05/2019	252,00	245,00	248,5	247	175	210	CUMPLE	CUMPLE
280	Torre B escalera P6 a P7 antepechos piso 10,(13:16) 28 dias	14/05/2019	281,00	281,00	281	238	175	210	CUMPLE	CUMPLE
281	Col parqueadero P1 a P2 (F2-8) (E2-8) antepechos piso10,(16:30) 28 dias	14/05/2019	292,00	293,00	292,5	274	175	210	CUMPLE	CUMPLE
282	Muros nuevos en concreto en zona piscina antepechos piso 11,(14:15) 28 dias	1/05/2019	245,00	239,00	242	272	175	210	CUMPLE	CUMPLE
283	Placa parqueadero piso 1 ejes (B2-C2) (6-11),(7:00) 28 dias	16/05/2019	305,00	303,00	304	280	175	210	CUMPLE	CUMPLE

Fuente. Elaboración propia.

En algunos casos sucede que ciertos resultados no cumplen con el primer criterio de la norma y otros no cumplen con el segundo criterio de la norma, pero esto no quiere decir que la estructura construida con ese concreto ya no sirve y que tengamos que demolerla y construirla nuevamente, ya que el consumo de recursos es muy elevado en una obra para el concepto de demolición ó reparación, además de las cuestiones legales que implicaría; se debe tratar de llegar hasta las últimas alternativas tales como es consultar con un ingeniero diseñador estructural para analizar el elemento, para que analice su integridad y/ó que solución se le puede aplicar; en caso de que no haya posibilidades de solución definitivamente la estructura debería corregirse, pero esto es lo que se tendría que evitar, también es de tener en cuenta que las normas citadas nos dan otras alternativas para definir la aceptabilidad tales como tomar núcleos de una porción extraída del elemento de concreto, esclerometría con martillo de rebote, ultrasonido, pruebas de carga entre otras.

Finalmente, para aclarar nuestro ejemplo, podemos representar gráficamente el primer criterio y el segundo criterio normativo.

GUÍA PARA SUPERVISIÓN TÉCNICA DE PROYECTOS DE CONSTRUCCIÓN

Gráfica Primer Criterio de Aceptación del Concreto

Figura 16

Gráfica resultados de aplicación del primer criterio.

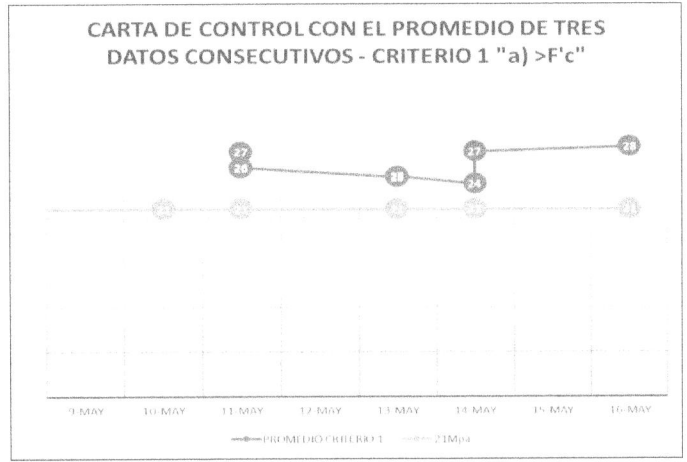

Fuente. Elaboración propia.

Vemos que todos los resultados cumplen con los criterios de aceptación del criterio 1.

Gráfica Segundo Criterio de Aceptación del Concreto

Figura 17

Gráfica resultados de aplicación del segundo criterio.

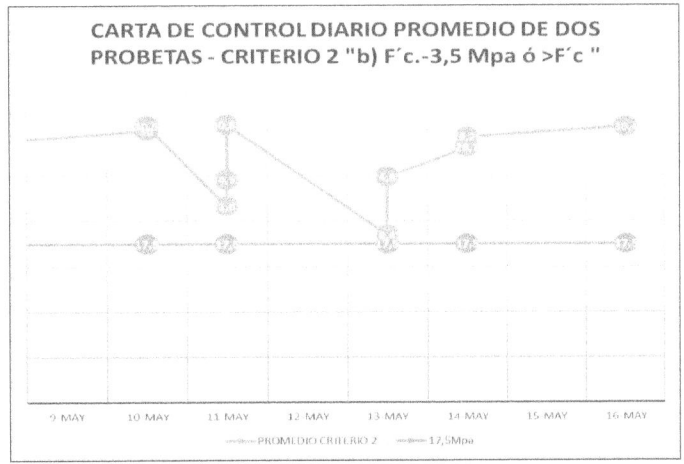

Fuente. Elaboración propia.

En el segundo criterio vemos que para la muestra N°278 correspondiente al 13 de mayo se obtuvo un resultado de 18,45 Mpa lo cual está por encima del límite inferior especificado de 17,5 Mpa según criterio para cumplir con F´c-3.5Mpa, aunque no se alcanza ó supera la F´c de diseño 21 MPa, se cumple con el criterio 2.

Acero de Refuerzo

Para realizar un control de calidad de las barras de acero de refuerzo, se deben tomar y analizar muestras de cada una de las barras al menos una vez cada 200 toneladas, esto incluye muestras de todos los diámetros de las barras utilizadas para el acero producido localmente y una muestra cada 100 toneladas de refuerzo utilizado para acero importado.

Los ensayos se realizarán según lo especificado en las Normas NTC de referencia y en el Capítulo C.3.8 del Título C del Reglamento Colombiano de Construcciones Sismo Resistentes NSR-10 ó la normatividad homologa vigente en este caso ACI-318-19 Requisitos de Reglamento Para Concreto Estructural Capitulo 3.0 literal 3.2.4 del American Concrete Institute.

Las pruebas deberán demostrar claramente que el acero utilizado se ajusta a la especificación NTC pertinente, y el laboratorio deberá confirmar el cumplimiento.

Se debe enviar una copia de estos certificados de conformidad al ingeniero diseñador estructural y al Supervisor Técnico Independiente.

Figura 18

Paquetes de barras de acero de refuerzo listos para enviar a laboratorio de ensayos.

Fuente. Elaboración propia.

Evaluación y Aceptación del Acero de Refuerzo

Para la evaluación y aceptación del acero de refuerzo se deben tener en cuenta varios factores definidos en el Reglamento Colombiano De Construcción Sismo Resistente Nsr-10 Titulo C, ver en ***Referencia 07*** del documento ***ANEXO N° 2. Textos de Referencias Normativas***.

El laboratorio de ensayos debe emitir un certificado de conformidad ó certificado de calidad el cual debe tener la información relacionada en la ***Tabla 20*** como sigue:

Tabla 20

Información que debe contener el certificado de conformidad ó calidad.

INFORMACIÓN QUE DEBE TENER EL CERTIFICADO DE CONFORMIDAD EXPEDIDO POR EL LABORATORIO
(a) nombre y dirección de la obra
(b) fecha de recepción de las muestras y fecha de realización de los ensayos,
(c) fabricante y norma NTC bajo la cual se fabricó el material y bajo la cual se realizaron los ensayos,
(d) peso por unidad de longitud de la barra, alambre, malla o torón de refuerzo, y su conformidad con las variaciones permitidas, y su diámetro nominal,
(e) características del corrugado, cuando se trate de acero corrugado,
(f) resultados del ensayo de tracción, los cuales deben incluir: la resistencia a la fluencia y la resistencia última, evaluadas utilizando el área nominal de la barra, alambre, malla o torón de refuerzo indicada en la norma NTC correspondiente, y el porcentaje de alargamiento obtenido del ensayo,
(g) resultado del ensayo de doblamiento,
(h) composición química cuando ésta se solicita.
(i) conformidad con la norma de fabricación y
(j) nombre y firma de director del laboratorio

Fuente. Elaboración propia.

Marcado

Las barras deben estar rotuladas con el número de identificación del ensayo ó colada y separadas adecuadamente en el momento de ser despachadas.

Los símbolos correspondientes al sistema de marcación deben ser identificados por cada fabricante. (marca de fabricante ó logotipo).

Absolutamente todas las barras que se fabriquen en concordancia con la norma técnica colombiana NTC 2289 (*Barras Corrugadas y Lisas de Acero de Baja Aleación, para Refuerzo de Concreto*) a excepción de barras lisas, se deben identificar mediante un conjunto de marcaciones legibles de tipo laminar en la superficie lateral de las barras de acero de refuerzo, conforme a la siguiente estructuración indicada en la misma, ver en ***Referencia 08*** del documento ***ANEXO N° 2. Textos de Referencias Normativas***.

A continuación, se presenta un esquema de cómo debe ser el marcado de las barras de acero de refuerzo para estructuras en concreto.

Figura 19

Ejemplo de marcado de barras sistema inglés.

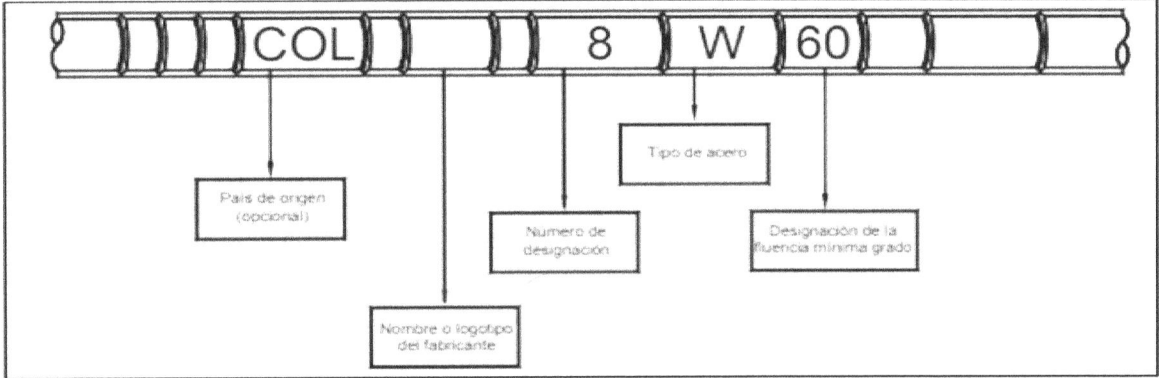

Nota. La tabla contiene los requisitos para el marcado de las barras de acero de refuerzo en sistema inglés. Tomado de "NTC-2289 Barras Corrugadas y Lisas de Acero de Baja Aleación, Para Refuerzo de Concreto" por Instituto Colombiano de Normas Técnicas y Certificación (ICONTEC), 2020. (https://tienda.icontec.org/gp-barras-corrugadas-y-lisas-de-acero-de-baja-aleacion-para-refuerzo-de-concreto-ntc2289-2020.html)

Figura 20

Ejemplo de marcado de barras sistema métrico.

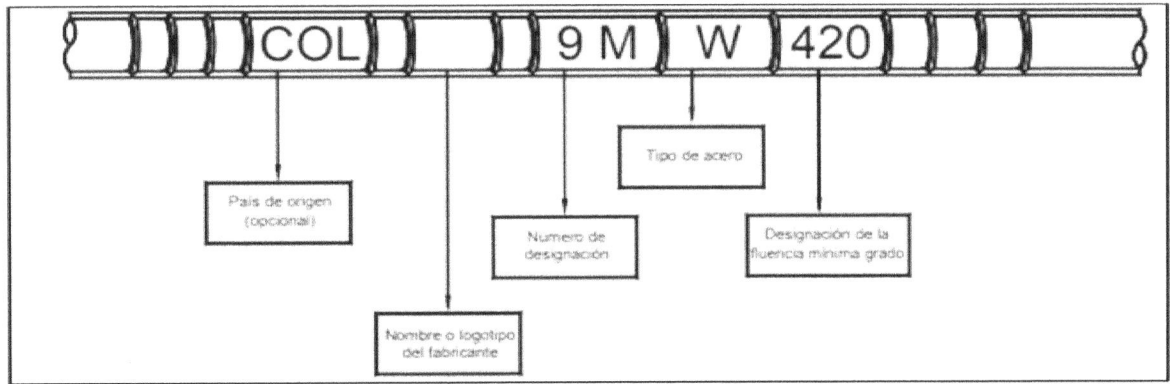

Nota. La tabla contiene los requisitos para el marcado de las barras de acero de refuerzo en sistema métrico. Tomado de "NTC-2289 Barras Corrugadas y Lisas de Acero de Baja Aleación, Para Refuerzo de Concreto" por Instituto Colombiano de Normas Técnicas y Certificación (ICONTEC), 2020. (https://tienda.icontec.org/gp-barras-corrugadas-y-lisas-de-acero-de-baja-aleacion-para-refuerzo-de-concreto-ntc2289-2020.html)

Resaltes

La altura, espaciamiento y separación de los resaltes deben cumplir con los valores indicados en la *Tabla 21* como sigue a continuación:

Tabla 21

Número de designación de las barras corrugadas y rollos, peso (masa) nominal, dimensiones nominales y requisitos de los resaltes

Número de designación de la barra[A]	Peso (masa) nominal lb/pie (kg/m)	Dimensiones nominales[B]			Requisitos de los resaltes, pulgadas (mm)		
		Diámetro pulgada (mm)	Área de la sección transversal pulgadas^2 (mm^2)	Perímetro pulgadas (mm)	Promedio máximo del espaciamiento	Promedio mínimo de altura	Separación entre los extremos de los resaltes (máximo 12,5 % del perímetro nominal)
2	0.167 (0.249)	0.250 (6.35)	0.049 (31.67)	0.785 (19.95)	0.175 (4.45)	0.010 (0.25)	0.098 (2.49)
3	0.376 (0.560)	0.375 (9.5)	0.11 (71)	1.178 (29.9)	0.262 (6.7)	0.015 (0.38)	0.143 (3.6)
4	0.668 (0.994)	0.500 (12.7)	0.20 (129)	1.571 (39.9)	0.350 (8.9)	0.020 (0.51)	0.191 (4.9)
5	1.043 (1.552)	0.625 (15.9)	0.31 (199)	1.963 (49.9)	0.437 (11.1)	0.028 (0.71)	0.239 (6.1)
6	1.502 (2.235)	0.750 (19.1)	0.44 (284)	2.356 (59.8)	0.525 (13.3)	0.038 (0.97)	0.286 (7.3)
7	2.044 (3.042)	0.875 (22.2)	0.60 (387)	2.749 (69.8)	0.612 (15.5)	0.044 (1.12)	0.334 (8.5)
8	2.670 (3.973)	1.000 (25.4)	0.79 (510)	3.142 (79.8)	0.700 (17.8)	0.050 (1.27)	0.383 (9.7)
9	3.400 (5.060)	1.128 (28.7)	1.00 (645)	3.544 (90.0)	0.790 (20.1)	0.056 (1.42)	0.431 (10.9)
10	4.303 (6.404)	1.270 (32.3)	1.27 (819)	3.990 (101.3)	0.889 (22.6)	0.064 (1.63)	0.487 (12.4)
11	5.313 (7.907)	1.410 (35.8)	1.56 (1006)	4.430 (112.5)	0.987 (25.1)	0.071 (1.80)	0.540 (13.7)
14	7.65 (11.38)	1.693 (43.0)	2.25 (1452)	5.32 (135.1)	1.185 (30.1)	0.085 (2.16)	0.648 (16.5)
18	13.60 (20.24)	2.257 (57.3)	4.00 (2581)	7.09 (180.1)	1.58 (40.1)	0.102 (2.59)	0.864 (21.9)

[A] Los números de las barras están basados en octavos de pulgada y corresponden al diámetro nominal de las barras.
[B] Las dimensiones nominales de las barras corrugadas son equivalentes a las de las barras lisas que tengan el mismo peso (masa) nominal por pie (metro) de longitud.
NOTA 1 Para otros diámetros véase la Tabla A.1.
NOTA 2 La barra número 9 tiene un área de sección transversal equivalente al área de la sección transversal de un cuadrado de 1 pulgada; número 10, al área de la sección transversal de un cuadrado de 1 1/8 de pulgada; número 11, al área de la sección transversal de un cuadrado de 1 1/4 de pulgada; número 14, al área de la sección transversal de un cuadrado de 1 1/2 de pulgada y la número 18, al área de la sección transversal de un cuadrado de 2 pulgadas.

Nota. La tabla contiene los requisitos para los resaltes de las barras de acero de refuerzo. Tomado de "NTC-2289 Barras Corrugadas y Lisas de Acero de Baja Aleación, Para Refuerzo de Concreto" por Instituto Colombiano de Normas Técnicas y Certificación (ICONTEC), 2020. (https://tienda.icontec.org/gp-barras-corrugadas-y-lisas-de-acero-de-baja-aleacion-para-refuerzo-de-concreto-ntc2289-2020.html)

Tracción

Los ensayos de tracción del acero de refuerzo deben cumplir conforme los valores indicados en la *Tabla 22* como sigue a continuación:

Tabla 22

Requisitos del ensayo de tracción.

Resistencia a la tracción mínima psi (MPa)	80 000 (550) [A]
Resistencia a la fluencia mínima psi (MPa)	60 000 (420)
Resistencia a la fluencia máxima psi (MPa)	78 000 (540)
Alargamiento mínimo en 8 pulgadas para el sistema inglés ó 200 mm para Sistema Internacional (SI)	
Número de designación de las barras	%
2, 3, 4, 5, 6	14
7, 8, 9, 10, 11	12
14, 18	10
[A] La resistencia a la tracción debe ser igual o mayor a 1,25 veces la resistencia a la fluencia.	

Nota. La tabla contiene los requisitos del ensayo de tracción de las barras de acero de refuerzo. Tomado de "NTC-2289 Barras Corrugadas y Lisas de Acero de Baja Aleación, Para Refuerzo de Concreto" por Instituto Colombiano de Normas Técnicas y Certificación (ICONTEC), 2020. (https://tienda.icontec.org/gp-barras-corrugadas-y-lisas-de-acero-de-baja-aleacion-para-refuerzo-de-concreto-ntc2289-2020.html)

Doblado

Los ensayos de doblado del acero de refuerzo deben cumplir conforme los valores indicados en la *Tabla 23* como sigue a continuación:

Tabla 23

Requisitos del ensayo de doblado.

Designación	Diámetro del mandril para doblamiento a 180°
3, 4, 5 (10, 13, 16)	3d [A]
6, 7, 8 (19, 22, 25)	4d
9, 10, 11 (29, 32, 36)	6d
14, 18 (43, 57)	8d
[A] d = diámetro nominal de la probeta.	

Nota. La tabla contiene los requisitos del ensayo de doblado de las barras de acero de refuerzo. Tomado de "NTC-2289 Barras Corrugadas y Lisas de Acero de Baja Aleación, Para Refuerzo de Concreto" por Instituto Colombiano de Normas Técnicas y Certificación (ICONTEC), 2020. (https://tienda.icontec.org/gp-barras-corrugadas-y-lisas-de-acero-de-baja-aleacion-para-refuerzo-de-concreto-ntc2289-2020.html)

GUÍA PARA SUPERVISIÓN TÉCNICA DE PROYECTOS DE CONSTRUCCIÓN

Composición Química

En fabrica se realiza un análisis de cada fundición de acero donde se toman los especímenes de ensayo directamente del vaciado de la colada.

Mediante estos se determinan los porcentajes equivalentes a contenido de carbono, manganeso, fósforo, azufre, silicio, cobre, níquel, cromo, molibdeno, niobio y vanadio.

La composición química debe cumplir con los valores citados en la *Tabla 24* como sigue a continuación:

Tabla 24

Requisitos de composición química para el fabricante.

Composición química de colada	
Elemento	% máximo
carbono	0,30
manganeso	1,50
fósforo	0,035
azufre	0,045
silicio	0,50

Nota. La tabla contiene los requisitos de composición química para el fabricante de las barras de acero de refuerzo. Tomado de "NTC-2289 Barras Corrugadas y Lisas de Acero de Baja Aleación, Para Refuerzo de Concreto" por Instituto Colombiano de Normas Técnicas y Certificación (ICONTEC), 2020. (https://tienda.icontec.org/gp-barras-corrugadas-y-lisas-de-acero-de-baja-aleacion-para-refuerzo-de-concreto-ntc2289-2020.html)

Verificación del Producto por Parte del Comprador

El comprador del acero de refuerzo al recibirlo debe realizar un análisis del producto para Su utilización y debe determinar su aceptabilidad ó rechazo teniendo en cuenta los siguientes valores citados en la *Tabla 25* para la composición química:

Tabla 25

Requisitos composición química para verificación por parte del comprador.

Análisis de verificación para producto terminado	
Elemento	porcentaje máximo
carbono	0,33
manganeso	1,56
fósforo	0,043
azufre	0,053
silicio	0,55

Nota. La tabla contiene los requisitos de composición química para el comprador de las barras de acero de refuerzo. Tomado de "NTC-2289 Barras Corrugadas y Lisas de Acero de Baja Aleación, Para Refuerzo de Concreto" por Instituto Colombiano de Normas Técnicas y Certificación (ICONTEC), 2020. (https://tienda.icontec.org/gp-barras-corrugadas-y-lisas-de-acero-de-baja-aleacion-para-refuerzo-de-concreto-ntc2289-2020.html)

El Supervisor Técnico debe dejar registro de la revisión y verificación del cumplimiento del acero de refuerzo respecto a los requerimientos normativos, puede cuantificar la cantidad total de acero a ejecutar en el proyecto y solicitar pruebas para el acero de refuerzo cada vez que se completen tandas de ejecución de 200 toneladas si el acero es de fabricación nacional ó cada 100 toneladas si el acero es de fabricación extranjera, a manera de ejemplo podría llevar informes de inspección que indiquen los siguiente:

Ejemplo:

- Control Acero de Refuerzo (Nacional) Ton. 0–200
- Control Acero de Refuerzo (Nacional) Ton. 200–400
- Control Acero de Refuerzo (Extranjero) Ton. 0–100
- Control Acero de Refuerzo (Extranjero) Ton. 100–200

Para el control de calidad del acero de refuerzo podemos utilizar un formato como el indicado en la *Tabla 26* como sigue a continuación:

Tabla 26

Formato para el control de calidad del Acero de Refuerzo Corrugado.

TIPO INSPEC. / PRUEBA / ENSAYO	FRECUENCIA	VARIABLE A CONTROLAR	ESPECIFICACIONES	DESIGNACION DE LA BARRA / ACERO DE REFUERZO / MALLA	CRITERIO DE ACEPTACION (NTC 2289, NTC 3353, NTC 2, NTC 1).	PROCEDENCIA N°1					
						UTILIZACION OBRA:					
						FECHA DE TOMA	FECHA DE ENTREGA	VALOR OBTENIDO	% CUMPLIMIENTO	ACEPTABILIDAD
Peso por Metro Lineal	Una vez por cada 200 toneladas para aceros de fabricación nacional y por cada 100 toneladas para aceros importados.	Peso por metro lineal Kg/m	NTC 2289, NTC 3353, NTC 2, NTC 1.	(1/4") N.2	(0,249 Kg/m)*94/100				0,0%	N/A
				(3/8") N.3	(0,560 Kg/m)*94/100				0,0%	N/A
				(1/2") N.4	(0,994 Kg/m)*94/100				0,0%	N/A
				(5/8") N.5	(1,552 Kg/m)*94/100				0,0%	N/A
				(6/8") N.6	(2,235 Kg/m)*94/100				0,0%	N/A
				(7/8") N.7	(3,042 Kg/m)*94/100				0,0%	N/A
				(8/8") N.8	(3,973 Kg/m)*94/100				0,0%	N/A
				(9/8") N.9	(5,060 Kg/m)*94/100				0,0%	N/A
				(10/8") N.10	(6,404 Kg/m)*94/100				0,0%	N/A
Diametro Equivalente	Una vez por cada 200 toneladas para aceros de fabricación nacional y por cada 100 toneladas para aceros importados.	Diametro equivalente pulgada (mm)	NTC 2289, NTC 3353, NTC 2, NTC 1.	(1/4") N.2	0,25" (6,35 mm)				0,0%	N/A
				(3/8") N.3	0,375" (9,5 mm)				0,0%	N/A
				(1/2") N.4	0,50" (12,7mm)				0,0%	N/A
				(5/8") N.5	0,625" (15,9 mm)				0,0%	N/A
				(6/8") N.6	0,75" (19,1 mm)				0,0%	N/A
				(7/8") N.7	0,875" (22,2 mm)				0,0%	N/A
				(8/8") N.8	1" (25,4 mm)				0,0%	N/A
				(9/8") N.9	1,128" (28,7 mm)				0,0%	N/A
				(10/8") N.10	1,27" (32,3 mm)				0,0%	N/A

Fuente. Elaboración propia.

Continuación

Tabla 26

Formato para el control de calidad del Acero de Refuerzo Corrugado.

Espaciamiento de los Resaltes	Una vez por cada 200 toneladas para aceros de fabricación nacional y por cada 100 toneladas para aceros importados.	Promedio máximo del espaciamiento. No puede exceder mas de 7/10 del diametro nominal de la barra. Pulgadas (mm)	NTC 2289, NTC 3353, NTC 2, NTC 1.	(1/4") N.2	0,175" (4,45 mm)				0,0%	N/A
				(3/8") N.3	0,262" (6,7 mm)				0,0%	N/A
				(1/2") N.4	0,350" (8,9 mm)				0,0%	N/A
				(5/8") N.5	0,437" (11,1 mm)				0,0%	N/A
				(6/8") N.6	0,525" (13,3 mm)				0,0%	N/A
				(7/8") N.7	0,612" (15,5 mm)				0,0%	N/A
				(8/8") N.8	0,700" (17,8 mm)				0,0%	N/A
				(9/8") N.9	0,790" (20,1 mm)				0,0%	N/A
				(10/8") N.10	0,889" (22,6 mm)				0,0%	N/A
Separacion de los Resaltes	Una vez por cada 200 toneladas para aceros de fabricación nacional y por cada 100 toneladas para aceros importados.	Separación entre los extremos de los resaltes. Según numero de designacion de la barra, (Maximo 12,5% del perimetro nominal de la barra). Pulgadas (mm)	NTC 2289, NTC 3353, NTC 2, NTC 1.	(1/4") N.2	0,098" (2,49 mm) Max 12,5% Pb				0,0%	N/A
				(3/8") N.3	0,143" (3,6 mm) Max 12,5% Pb				0,0%	N/A
				(1/2") N.4	0,191" (4,9 mm) Max 12,5% Pb				0,0%	N/A
				(5/8") N.5	0,239" (6,1 mm) Max 12,5% Pb				0,0%	N/A
				(6/8") N.6	0,286" (7,3 mm) Max 12,5% Pb				0,0%	N/A
				(7/8") N.7	0,334" (8,5 mm) Max 12,5% Pb				0,0%	N/A
				(8/8") N.8	0,383" (9,7 mm) Max 12,5% Pb				0,0%	N/A
				(9/8") N.9	0,431" (10,9 mm) Max 12,5% Pb				0,0%	N/A
				(10/8") N.10	0,487" (12,4 mm) Max 12,5% Pb				0,0%	N/A

Fuente. Elaboración propia.

Continuación

Tabla 26

Formato para el control de calidad del Acero de Refuerzo Corrugado.

Altura de los Resaltes	Una vez por cada 200 toneladas para aceros de fabricación nacional y por cada 100 toneladas para aceros importados.	Promedio mínimo de altura. Pulgadas (mm)	NTC 2289, NTC 3353, NTC 2, NTC 1.	(1/4") N.2	0,010" (0,25 mm)			0,0%	N/A
				(3/8") N.3	0,015" (0,38 mm)			0,0%	N/A
				(1/2") N.4	0,020" (0,51 mm)			0,0%	N/A
				(5/8") N.5	0,028" (0,71 mm)			0,0%	N/A
				(6/8") N.6	0,038" (0,97 mm)			0,0%	N/A
				(7/8") N.7	0,044" (1,12 mm)			0,0%	N/A
				(8/8") N.8	0,050" (1,27 mm)			0,0%	N/A
				(9/8") N.9	0,056" (1,42 mm)			0,0%	N/A
				(10/8") N.10	0,064" (1,63 mm)			0,0%	N/A
Resistencia a la Traccion	Una vez por cada 200 toneladas para aceros de fabricación nacional y por cada 100 toneladas para aceros importados.	Resistencia a la Traccion Mpa	NTC 2289, NTC 3353, NTC 2, NTC 1.	(1/4") N.2	Minimo 550 Mpa (80,000 Psi). >=1,25 veces la resistencia a la fluencia.			0,0%	N/A
				(3/8") N.3	Minimo 550 Mpa (80,000 Psi). >=1,25 veces la resistencia a la fluencia.			0,0%	N/A
				(1/2") N.4	Minimo 550 Mpa (80,000 Psi). >=1,25 veces la resistencia a la fluencia.			0,0%	N/A
				(5/8") N.5	Minimo 550 Mpa (80,000 Psi). >=1,25 veces la resistencia a la fluencia.			0,0%	N/A
				(6/8") N.6	Minimo 550 Mpa (80,000 Psi). >=1,25 veces la resistencia a la fluencia.			0,0%	N/A

				(7/8") N.7	Minimo 550 Mpa (80,000 Psi). >=1,25 veces la resistencia a la fluencia.					0,0%	**N/A**
				(8/8") N.8	Minimo 550 Mpa (80,000 Psi). >=1,25 veces la resistencia a la fluencia.					0,0%	**N/A**
				(9/8") N.9	Minimo 550 Mpa (80,000 Psi). >=1,25 veces la resistencia a la fluencia.					0,0%	**N/A**
				(10/8") N.10	Minimo 550 Mpa (80,000 Psi). >=1,25 veces la resistencia a la fluencia.					0,0%	**N/A**

Fuente. Elaboración propia.

Continuación

Tabla 26

Formato para el control de calidad del Acero de Refuerzo Corrugado.

Esfuerzo de Fluencia	Una vez por cada 200 toneladas para aceros de fabricación nacional y por cada 100 toneladas para aceros importados.	Resistencia a la Fluencia Mpa	NTC 2289, NTC 3353, NTC 2, NTC 1.	(1/4") N.2	Minimo 420 Mpa (60,000 Psi). Maximo 540 Mpa (78,000 Psi).				0,0%	N/A
				(3/8") N.3	Minimo 420 Mpa (60,000 Psi). Maximo 540 Mpa (78,000 Psi).				0,0%	N/A
				(1/2") N.4	Minimo 420 Mpa (60,000 Psi). Maximo 540 Mpa (78,000 Psi).				0,0%	N/A
				(5/8") N.5	Minimo 420 Mpa (60,000 Psi). Maximo 540 Mpa (78,000 Psi).				0,0%	N/A
				(6/8") N.6	Minimo 420 Mpa (60,000 Psi). Maximo 540 Mpa (78,000 Psi).				0,0%	N/A
				(7/8") N.7	Minimo 420 Mpa (60,000 Psi). Maximo 540 Mpa (78,000 Psi).				0,0%	N/A
				(8/8") N.8	Minimo 420 Mpa (60,000 Psi). Maximo 540 Mpa (78,000 Psi).				0,0%	N/A
				(9/8") N.9	Minimo 420 Mpa (60,000 Psi). Maximo 540 Mpa (78,000 Psi).				0,0%	N/A

GUÍA PARA SUPERVISIÓN TÉCNICA DE PROYECTOS DE CONSTRUCCIÓN

				(10/8") N.10	Minimo 420 Mpa (60,000 Psi). Maximo 540 Mpa (78,000 Psi).				0,0%	N/A
Relacion traccion / fluencia	Una vez por cada 200toneladas para aceros de fabricación nacional y por cada 100toneladas para aceros importados.	Relacion traccion / Fluencia	NTC 2289, NTC 3353, NTC 2, NTC 1.	(1/4") N.2	>=1,25 veces la resistencia a la fluencia.				#¡DIV/0!	N/A
				(3/8") N.3	>=1,25 veces la resistencia a la fluencia.				#¡DIV/0!	N/A
				(1/2") N.4	>=1,25 veces la resistencia a la fluencia.				#¡DIV/0!	N/A
				(5/8") N.5	>=1,25 veces la resistencia a la fluencia.				#¡DIV/0!	N/A
				(6/8") N.6	>=1,25 veces la resistencia a la fluencia.				#¡DIV/0!	N/A
				(7/8") N.7	>=1,25 veces la resistencia a la fluencia.				#¡DIV/0!	N/A
				(8/8") N.8	>=1,25 veces la resistencia a la fluencia.				#¡DIV/0!	N/A
				(9/8") N.9	>=1,25 veces la resistencia a la fluencia.				#¡DIV/0!	N/A
				(10/8") N.10	>=1,25 veces la resistencia a la fluencia.				#¡DIV/0!	N/A
Doblamiento	Una vez por cada 200 toneladas para aceros de fabricación nacional y por cada 100 toneladas para aceros importados.	Selección de mandril de acuerdo al diametro de la probeta, sin que presente agrietamiento en radio exterior de zona dobada	NTC 2289, NTC 3353, NTC 2, NTC 1.	(1/4") N.2					0,0%	0
				(3/8") N.3	3d				0,0%	0
				(1/2") N.4	3d				0,0%	0
				(5/8") N.5	3d				0,0%	0
				(6/8") N.6	4d				0,0%	0
				(7/8") N.7	4d				0,0%	0
				(8/8") N.8	4d				0,0%	0
				(9/8") N.9	6d				0,0%	0
				(10/8") N.10	6d				0,0%	0

Fuente. Elaboración propia.

Para control de mallas de refuerzo, podemos utilizar el siguiente formato:

Tabla 27

Formato para el control de calidad de las Mallas.

TIPO INSPEC. / PRUEBA / ENSAYO	FRECUENCIA	VARIABLE A CONTROLAR	ESPECIFICACIONES	DESIGNACION DE LA BARRA / ACERO DE REFUERZO / MALLA	CRITERIO DE ACEPTACION (NTC 2289, NTC 3353, NTC 2, NTC 1).	PROCEDENCIA N°1				
						UTILIZACION OBRA:				
						FECHA DE TOMA	FECHA DE ENTREGA	VALOR OBTENIDO	% CUMPLIMIENTO	ACEPTABILIDAD
Tension	Se debe realizar un ensayo de tension y un ensayo de doblamiento por cada 7000 m2 de malla electrosoldada o fraccion remanente de ella. Recomendable realizar a cada lote o pedido que llegue a la obra.	Resistencia a la tension	NTC 5806	Malla electrosoldada según designación	550 MPa a la tension minimo y 485 Mpa de fluencia minimo, parametros establecidos en especificaciones de la NTC 5806.				0,0%	
Doblamiento		Selección de mandril de acuerdo al diametro de la probeta, sin que presente agrietamiento en radio exterior de zona dobada		Malla electrosoldada según designación	No debe presentar fisuras, quiebres, agrietamientos ni defectos superficiales.				0,0%	
Cortante	Se debe realizar un ensayo por cada 28000 m2 de malla electrosoldada. Recomendable realizar a cada lote o pedido que llegue a la obra.	Esfuerzo cortante		Malla electrosoldada según designación	Cumplir lo especificado en el numeral 8.3 de la norma NTC 5806 / ASTM A-1064				0,0%	

Fuente. Elaboración propia.

Para composición química podemos utilizar el siguiente formato:

Tabla 28

Cuadro de control de calidad Composición Química.

TIPO INSPEC. / PRUEBA / ENSAYO	FRECUENCIA	VARIABLE A CONTROLAR	ESPECIFICACIONES	DESIGNACION DE LA BARRA / ACERO DE REFUERZO / MALLA	CRITERIO DE ACEPTACION (NTC 2289, NTC 3353, NTC 2, NTC 1).	PROCEDENCIA N°1 UTILIZACION OBRA:				
						FECHA DE TOMA	FECHA DE ENTREGA	VALOR OBTENIDO	% CUMPLIMIENTO	ACEPTABILIDAD
Carbono	Una vez por cada 200 toneladas para aceros de fabricación nacional y por cada 100 toneladas para aceros importados.	Composicion quimica	ASTM A-751	Acero de refuerzo / Malla electrosoldada según designación.	Maximo 0,30%				0,0%	N/A
Manganeso				Acero de refuerzo / Malla electrosoldada según designación.	Maximo 1,50%				0,0%	N/A
Fosforo				Acero de refuerzo / Malla electrosoldada según designación.	Maximo 0,035%				0,0%	N/A
Azufre				Acero de refuerzo / Malla electrosoldada según designación.	Maximo 0,045%				0,0%	N/A
Silicio				Acero de refuerzo / Malla electrosoldada según designación.	Maximo 0,50%				0,0%	N/A
Cobre, Niquel, Cromo, Molibdeno, Vanadio				Acero de refuerzo / Malla electrosoldada según designación.	% C.E = % C + % Mn/6 + % Cu/40 + % Ni/20 + % Cr/10 - % Mo/50 - % V/10.				0,0%	N/A
Carbono equivalente				Acero de refuerzo / Malla electrosoldada según designación.	**Maximo 0.55%**				0,0%	N/A

Fuente. Elaboración propia.

Materiales para Rellenos de Estructuras de Concreto

Los rellenos se definen como la colocación, conformación y compactación de diferentes capas de material, proveniente de las excavaciones, corte, material de préstamo o materiales aprobados por el Director de Obra, Interventoría y la Supervisión Técnica, teniendo en cuenta las recomendaciones del Geotecnista conforme al estudio de suelos del proyecto.

Figura 21

Relleno para estructura.

Fuente. Elaboración propia.

El material utilizado para los rellenos de estructuras de concreto debe ser evaluado mediante los ensayos de laboratorio que se consideren pertinentes conforme a la normatividad legal vigente aplicable, esto con el fin de que se garantice que este material cuenta con las propiedades fisicomecanicas correctas y adecuadas para alcanzar el objetivo de obtener el grado de compactación requerido optimo, igualmente minimizar los asentamientos considerando la tolerancia para aceptabilidad definida en el estudio de suelos.

Tipos de Materiales de Relleno

Los materiales utilizados para la construcción de rellenos de estructuras deberán ser probados en un laboratorio para determinar sus propiedades fisicomecanicas, de acuerdo a estos resultados el área de control de calidad de obra, la dirección de obra, la interventoría y la supervisión técnica deberán analizar dichos resultados teniendo en cuenta los límites de aceptabilidad normativos y con base en esto aprobar o rechazar el material.

No se deben utilizar para rellenos materiales con propiedades de colapso ó expansión, el material deberá estar libre de sustancias nocivas, materias orgánicas, elementos químicos y otros elementos que puedan causar afectaciones.

El supervisor técnico independiente debe estar atento a las verificaciones periódicas que se deben efectuar para determinar la calidad de los materiales de relleno de las estructuras, la periodicidad de la realización de las muestras debe tomarse conforme se menciona en la Tabla 220 - 2 de Norma INVIAS 2013, Articulo 220 – Terraplenes, sin embargo entre la Supervisión Técnica, Dirección de Obra y Departamento de Calidad de la obra se puede definir por unanimidad una periodicidad acorde a las condiciones y magnitud del proyecto documentándola en el plan de control de calidad del proyecto.

Tabla 29

Verificación periódica de la calidad de los materiales según Tabla 220-2 de Norma INVIAS 2013, Articulo 220 – Terraplenes.

Característica	Norma de ensayo	Frecuencia
Granulometría	INV-E-123	1 vez por jornada
Contenido de materia orgánica	INV-E-121	1 vez por jornada
Limite liquido	INV-E-125	1 vez por jornada
Índice de plasticidad	INV-E-126	1 vez por jornada
CBR de laboratorio, con expansión	INV-E-148	1 vez por mes
Índice de colapso	INV-E-157	1 vez por mes
Densidad seca máxima (Proctor)	INV-E-142	1 vez por semana
Contenido de sales solubles	INV-E-158	1 vez por semana

Nota. La tabla contiene la frecuencia de verificación periódica de la calidad de los materiales para rellenos. Adaptado de "Especificaciones Generales Para Construcción de Carreteras" por Instituto Nacional de Vías (INVIAS), 2013. (https://www.invias.gov.co/index.php/informacion-institucional/139-documento-tecnicos/4570-especificaciones-generales-de-construccion-de-carreteras)

La documentación técnica de diseño como estudio de suelos, planos, especificaciones técnicas, definirá los tipos de materiales que se utilizarán en las diferentes partes del relleno de la estructura.

Existen características que deben poseer los materiales utilizados típicamente en estos rellenos, conforme a la normatividad legal vigente ya las características propias de cada proyecto pueden establecerse especificaciones técnicas particulares y requisitos complementarios ó diferentes a los que se explican en la presente guía para cada tipo de material a ser utilizado en los rellenos.

Los materiales que se pueden utilizar para rellenos de estructuras deben cumplir con los requisitos de la norma IINVIAS 2013, ART. 610 – 13 Rellenos para Estructuras los cuales se clasifican de la siguiente manera:

Suelos ó (Roca Muerta)

Los suelos utilizados para rellenos de estructura deben cumplir con los requisitos especificados en la documentación técnica de diseño.

Figura 22

Suelo para relleno de estructura (Roca Muerta).

Fuente. Elaboración propia.

Si no está especificado en esta documentación se aplicarán los requisitos de la Tabla 610-1. Requisitos de los suelos para rellenos de estructuras.

Tabla 30

Requisitos de los suelos para rellenos de estructuras, según tabla 610-1 de Norma INVIAS 2013 Art. 610. Rellenos Para Estructuras.

Característica	Norma de ensayo	Suelos seleccionados	Suelos adecuados	Suelos tolerables
Tamaño máximo (mm)	INV-E-123	75	100	150
Porcentaje que pasa el tamiz de 2 mm (N°10) en masa, máximo (%)	INV-E-123	80	80	-
Porcentaje que pasa el tamiz de 75 µm (N°200) en masa, máximo (%)	INV-E-123	25	35	35
Contenido de materia orgánica, máximo (%)	INV-E-121	0	1	1
Limite líquido, máximo (%)	INV-E-125	30	40	40
Índice de plasticidad, máximo (%)	INV-E-126	10	15	-
C.B.R. de laboratorio, mínimo (%)	INV-E-148	10	5	3
Expansión en prueba C.B.R, máximo (%)	INV-E-148	0	2	2
Índice de colapso, máximo (%)	INV-E-157	2	2	2
Contenido de sales solubles, máximo (%)	INV-E-158	0.2	0.2	-

Nota. La tabla contiene los requisitos de los suelos para rellenos de estructuras. Adaptado de "Especificaciones Generales Para Construcción de Carreteras" por Instituto Nacional de Vías (INVIAS), 2013. (https://www.invias.gov.co/index.php/informacion-institucional/139-documento-tecnicos/4570-especificaciones-generales-de-construccion-de-carreteras)

A continuación, se presenta un ejemplo de verificación de calidad del material utilizado para el relleno de estructuras, donde se tiene en cuenta las características indicadas en estudio de suelos, tomando como requisito de suelo para relleno según tabla 610-1 de Norma INVIAS 2013 Art. 610. Rellenos Para Estructuras los valores que corresponden a SUELOS ADECUADOS, y la frecuencia se ha determinado por unanimidad y definido en el plan de control calidad de la obra como sigue:

- Al cambiar la fuente de materiales / Una vez cada 15 días

Ya que la periodicidad indicada en Tabla 220-2 de Norma INVIAS 2013, Articulo 220 – Terraplenes es muy exigente para las condiciones propias del proyecto en el cual se evalúa el material de relleno ya que los volúmenes de este material a ejecutar son muy bajos.

Tabla 31

Análisis de resultados material de relleno tipo suelos adecuados, Roca Muerta.

						PROCEDENCIA N°1				
ID	TIPO INSPEC. / PRUEBA / ENSAYO	FRECUENCIA	VARIABLE A CONTROLAR	ESPECIFICACIONES	CRITERIO DE ACEPTACION (SUELOS ADECUADOS)	UTILIZACION EN OBRA:				
						FECHA DE TOMA DE MUESTRA (d/m/a)	FECHA DE ENTREGA DE INFORMACION	VALOR OBTENIDO	% CUMPLIMIENTO	ACEPTABILIDAD
1	Granulometría	Al establecer o cambiar la fuente de materiales / Una vez cada 15 días	Tamaño máximo	Granulometría INV E-123-13 / Articulo 610 tabla 610.1 Invias 2013	100 mm	7/02/2022	21/02/2022	63,5	63,5%	CUMPLE
2	Granulometría	Al establecer o cambiar la fuente de materiales / Una vez cada 15 días	% pasa tamiz # 10	Granulometría INV E-123-13 / Articulo 610 tabla 610.1 Invias 2013	<= 80% en peso	7/02/2022	21/02/2022	16,3	16,3%	CUMPLE
3	Granulometría	Al establecer o cambiar la fuente de materiales / Una vez cada 15 días	% pasa tamiz # 200	Granulometría INV E-123-13 / Articulo 610 tabla 610.1 Invias 2013	<= 35% en peso	7/02/2022	21/02/2022	10,8	10,8%	CUMPLE
4	Limite Liquido	Al establecer o cambiar la fuente de materiales / Una vez cada 15 días	Limite Liquido	Limite Liquido INV E-125-13 / Articulo 610 tabla 610.1 Invias 2013	<= 40%	7/02/2022	21/02/2022	30,6	30,6%	CUMPLE
5	Índice de plasticidad	Al establecer o cambiar la fuente de materiales / Una vez cada 15 días	Índice de plasticidad	Índice de Plasticidad INV E-126-13 / Articulo 610 tabla 610.1 Invias 2013	<= 15% ó de acuerdo a estudio de suelos del proyecto	7/02/2022	21/02/2022	8,9	8,9%	CUMPLE
6	Contenido de materia orgánica	Al establecer o cambiar la fuente de materiales / Una vez cada 15 días	Materia orgánica	Contenido de materia orgánica INV-E 121-13 / Articulo 610 tabla 610.1 Invias 2013	<= 1,0%	7/02/2022	21/02/2022	0,85	0,9%	CUMPLE
7	CBR	Al establecer o cambiar la fuente de materiales / Una vez cada 15 días	CBR Laboratorio	CBR INV-E 148-13 / Articulo 610 tabla 610.1 Invias 2013	>= 5,0%	7/02/2022	21/02/2022	62	62,0%	CUMPLE

CUADRO DE RESULTADOS OBTENIDOS EN ENSAYOS DE LABORATORIO — CONTROL DE CALIDAD RELLENO CON MATERIAL IMPORTADO TIPO SUELOS ADECUADOS TIPO INVIAS 2013, TABLA 610-1 - INV 2013 - ARTÍCULO 610-13 RELLENOS PARA ESTRUCTURAS

Fuente. Elaboración propia.

Continuación

Tabla *31*

Análisis de resultados material de relleno tipo suelos adecuados, Roca Muerta.

8	CBR	Al establecer o cambiar la fuente de materiales / Una vez cada 15 días	CBR Expansión	CBR INV-E 148-13 / Articulo 610 tabla 610.1 Invias 2013	<= 2,0%	N/A	N/A	N/A	N/A	N/A
9	Densidad seca máxima	Semanal	Densidad seca máxima	Densidad seca máxima INV-E 142-13 / Articulo 610 tabla 610.1 Invias 2013	Valor a reportar	7/02/2022	21/02/2022	2122 KG/m3	100,0%	CUMPLE
10	Índice de Colapso	Al establecer o cambiar la fuente de materiales / Una vez cada 15 días	% de Colapso	Medida del potencial de colapso de un suelo parcialmente saturado INV-E 157-13 /Articulo 610 tabla 610.1 Invias 2013	<= 2.0%	7/02/2022	21/02/2022	0,23	0,2%	CUMPLE
11	Contenido de Sales Solubles	Al establecer o cambiar la fuente de materiales / Una vez cada 15 días	% de Sales solubles	Determinación del contenido de sales solubles en los suelos INV-E 158-13 / Articulo 610 tabla 610.1 Invias 2013	<= 0.2%	7/02/2022	21/02/2022	0,1	0,1%	CUMPLE

Fuente. Elaboración propia.

Recebo (Re)

Los materiales de recebo deben cumplir con las condiciones de calidad requeridas las cuales se mencionan en la Tabla 610-2 de la norma INVIAS 2013, Articulo 610 - Rellenos Para Estructuras.

Figura 23

Material de recebo.

Fuente. Anónimo.

Tabla 32

Requisitos para material de recebo, según tabla 610-2 de Norma INVIAS 2013 Art. 610. Rellenos Para Estructuras.

Característica	Norma de ensayo	Requisito	
		Recebo Tipo 1	Recebo Tipo 2
Dureza (O)			
Desgaste en la máquina de los ángeles (Gradación A), máximo (%) -500 revoluciones (%)	INV-E-218	≤ 50	65
Limpieza (F)			
Limite líquido, máximo (%)	INV-E-125	45	45
Índice de plasticidad, máximo (%)	INV-E-125 y INV-E-126	10	12
Contenido de materia orgánica, máximo (%)	INV-E-121	1.0	1.0
Expansión en prueba CBR, máximo (%)	INV-E-148	2.0	2.0
Resistencia del Material (F)			
CBR laboratorio, mínimo (%)	INV-E-148	10	10
Expansión en prueba CBR, máximo (%)	INV-E-148	2.0	2.0

Nota. La tabla contiene los requisitos para material de recebo. Adaptado de "Especificaciones Generales Para Construcción de Carreteras" por Instituto Nacional de Vías (INVIAS), 2013. (https://www.invias.gov.co/index.php/informacion-institucional/139-documento-tecnicos/4570-especificaciones-generales-de-construccion-de-carreteras)

Estos materiales también, deben ajustarse de acuerdo con una de las franjas granulométricas que de las que se muestran en la Tabla 610 - 3 de la norma INVIAS 2013, Articulo 610 - Rellenos Para Estructuras.

Tabla 33

Franjas granulométricas para material de recebo según tabla 610-3 de Norma INVIAS 2013 Art. 610. Rellenos Para Estructuras.

TIPO DE GRADACION	TAMIZ (mm/U.S. Stadard)				
	75	38	25	4.75	0,075
	3"	1 1/2"	1"	N°4	N°200
	% PASA				
RE-75	100,00	-	70-100	30-75	5-30
RE-38	-	100	70-100	30-75	5-30
TOLERANCIAS EN PRODUCCION SOBRE LA FORMULA DE TRABAJO	7%			6%	3%

Nota. La tabla contiene franjas granulométricas para material de recebo. Adaptado de "Especificaciones Generales Para Construcción de Carreteras" por Instituto Nacional de Vías (INVIAS), 2013. (https://www.invias.gov.co/index.php/informacion-institucional/139-documento-tecnicos/4570-especificaciones-generales-de-construccion-de-carreteras)

A continuación, se presenta un ejemplo donde el material de recebo cumple con una de las características de las franjas granulométricas definidas en la tabla anterior, en este caso RECEBO CON TIPO DE GRADACION RE-75, mas no cumple con las características para ser clasificado como RECEBO CON TIPO DE GRADACION RE-38.

Tabla 34

Ejemplo de material de recebo que cumple la gradación con franja granulométrica RE-75.

TIPO DE GRADACION	TAMIZ (mm/U.S. Stadard)				
	75	38	25	4.75	0,075
	3"	1 1/2"	1"	N°4	N°200
	% PASA				
RE-75	100	-	70-100	30-75	5-30
RESULTADO ENSAYO	103	100	75	48	23
ACEPTACIÓN	CUMPLE	-	CUMPLE	CUMPLE	CUMPLE
RE-38	-	100	70-100	30-75	5-30
RESULTADO ENSAYO	-	98	45	90	50
ACEPTACIÓN	-	NO CUMPLE	NO CUMPLE	NO CUMPLE	NO CUMPLE
TOLERANCIAS EN PRODUCCION SOBRE LA FORMULA DE TRABAJO	7%			6%	3%

Fuente. Elaboración propia.

Materiales Granulares tipo Sub Base Granular (SBG) ó Base Granular (BG)

Los materiales granulares denominados tipo SBG (Sub Base Granular) especificados en la Norma INVIAS 2013 (Artículo 320) y tipo BG (Base Granular) especificados en la Norma INVIAS 2013 (Artículo 330) Deben cumplir respectivamente los requisitos de calidad que se indican en la Tabla 610 - 4; además, deben satisfacer alguna de las granulometrías que se indican en la Tabla 610-5 del Articulo 610 - Rellenos Para Estructuras.

Figura 24

Material granular tipo SBG Ó BG.

Fuente. Elaboración propia.

Tabla 35

Requisitos para materiales granulares tipo SBG y BG, según tabla 610-4 de Norma INVIAS 2013 Art. 610. Rellenos Para Estructuras.

Característica	Norma de ensayo	Requisito	
		Tipo SBG	Tipo BG
Dureza (O)			
Desgaste en la máquina de los ángeles (Gradación A), máximo (%) -500 revoluciones (%)	INV-E-218	50	40
Durabilidad (O)			
Perdidas en ensayo de solidez en sulfatos, máximo (%)	INV-E-220		
-Sulfato de sodio		12	12
-Sulfato de magnesio		18	18
Limpieza (F)			
Limite líquido, máximo (%)	INV-E-125	25	25
Índice de plasticidad, máximo (%)	INV-E-125 y INV-E-126	6	3
Equivalente de arena, mínimo (%)	INV-E-133	25	30
Terrones de arcilla y partículas deleznables, máximo (%)	INV-E-211	2	2
Geometría de las partículas (F)			
Índices de alargamiento y aplanamiento, máximo (%)	INV-E-230	-	35
Caras fracturadas (una cara), mínimo (%)	INV-E-227	-	50
Resistencia del Material (F)			
CBR (%): porcentaje asociado al valor mínimo especificado de a densidad seca, medido en una muestra sometida a cuatro días de inmersión, mínimo.	INV-E-148	30	-

Nota. La tabla contiene requisitos para materiales granulares tipo SBG y BG. Adaptado de "Especificaciones Generales Para Construcción de Carreteras" por Instituto Nacional de Vías (INVIAS), 2013. (https://www.invias.gov.co/index.php/informacion-institucional/139-documento-tecnicos/4570-especificaciones-generales-de-construccion-de-carreteras)

Tabla 36

Franjas granulométricas para materiales granulares tipo SBG ó BG según tabla 610-5 de Norma INVIAS 2013 Art. 610. Rellenos Para Estructuras.

TIPO DE GRADACION	TAMIZ (mm/U.S. Stadard)									
	50	37,5	25	20	12,5	9,5	4,75	2	0,425	0,075
	2"	1 1/2"	1"	3/4"	1/2"	3/8"	N°4	N°10	N°40	N°200
	% PASA									
SBG-50	100,00	70-95	60-90		45-75	40-70	25-55	15-40	6-25	2-15
SBG-38		100	75-95		55-85	45-75	30-60	20-45	8-30	2-15
SBG-20				100	60-87	50-80	35-65	24-49	8-30	2-15
BG-38		100	70-100		60-90	45-75	30-60	20-45	10-30	5-15
BG-25			100		70-100	50-80	35-65	20-45	10-30	5-15
TOLERANCIAS EN PRODUCCION SOBRE LA FORMULA DE TRABAJO	0%	7%					6%			3%

Nota. La tabla contiene franjas granulométricas para materiales granulares tipo SBG ó BG. Adaptado de "Especificaciones Generales Para Construcción de Carreteras" por Instituto Nacional de Vías (INVIAS), 2013. (https://www.invias.gov.co/index.php/informacion-institucional/139-documento-tecnicos/4570-especificaciones-generales-de-construccion-de-carreteras)

A continuación, se presenta un ejemplo donde el material granular tipo SBG ó BG cumple con (3) tres de las características de las franjas granulométricas definidas en la tabla anterior, en este caso SUB BASE GRANULAR CON GRADACION SBG-50, SUB BASE GRANULAR CON GRADACION SBG-38, BASE GRANULAR CON GRADACION BG-38 más no cumple con las características para ser clasificado como SUB BASE GRANULAR CON GRADACION SBG-20 y BASE GRANULAR CON GRADACION BG-25.

Tabla 37

Ejemplo de material granular tipo SBG y BG que cumple la gradación con franjas granulométricas SBG-50, SBG-38, BG-38.

TIPO DE GRADACION	TAMIZ (mm/U.S. Stadard)									
	50	37,5	25	20	12,5	9,5	4,75	2	0,425	0,075
	2"	1 1/2"	1"	3/4"	1/2"	3/8"	N°4	N°10	N°40	N°200
	% PASA									
SBG-50	100	70-95	60-90		45-75	40-70	25-55	15-40	6-25	2-15
RESULTADO ENSAYO	100,00	100,00	99,00		77,00	73,00	59,00	37,00	19,00	9,00
ACEPTACIÓN	CUMPLE	CUMPLE	CUMPLE		CUMPLE	CUMPLE	CUMPLE	CUMPLE	CUMPLE	CUMPLE
SBG-38		100	75-95		55-85	45-75	30-60	20-45	8-30	2-15
RESULTADO ENSAYO	100,00	100,00	99,00	0,00	77,00	73,00	59,00	37,00	19,00	9,00
ACEPTACIÓN		CUMPLE	CUMPLE		CUMPLE	CUMPLE	CUMPLE	CUMPLE	CUMPLE	CUMPLE
SBG-20				100	60-87	50-80	35-65	24-49	8-30	2-15
RESULTADO ENSAYO	100,00	100,00	99,00	0,00	77,00	73,00	59,00	37,00	19,00	9,00
ACEPTACIÓN				NO CUMPLE	CUMPLE	CUMPLE	CUMPLE	CUMPLE	CUMPLE	CUMPLE
BG-38		100	70-100		60-90	45-75	30-60	20-45	10-30	5-15
RESULTADO ENSAYO	100,00	100,00	99,00	0,00	77,00	73,00	59,00	37,00	19,00	9,00
ACEPTACIÓN		CUMPLE	CUMPLE		CUMPLE	CUMPLE	CUMPLE	CUMPLE	CUMPLE	CUMPLE
BG-25			100		70-100	50-80	35-65	20-45	10-30	5-15
RESULTADO ENSAYO	100,00	100,00	99,00	0,00	77,00	73,00	59,00	37,00	19,00	9,00
ACEPTACIÓN			NO CUMPLE		CUMPLE	CUMPLE	CUMPLE	CUMPLE	CUMPLE	CUMPLE
TOLERANCIA EN PRODUCCION SOBRE LA FORMULA DE TRABAJO	0%	7%					6%			3%

Fuente. Elaboración propia.

A continuación, se presenta un ejemplo de verificación de calidad del material granular tipo SBG y BG utilizado para el relleno de estructuras, donde se tiene en cuenta las características indicadas en estudio de suelos, tomando como requisito de material para relleno según tabla 610-4 de Norma INVIAS 2013 Art. 610. Rellenos Para Estructuras los valores que corresponden a SUB BASE GRANULAR SBG y BASE GRANULAR BG, y la frecuencia se ha determinado por unanimidad y definido en el plan de control calidad de la obra como sigue:

- Al cambiar la fuente de materiales / Una vez cada 15 días

Ya que la periodicidad indicada en Tabla 220-2 de Norma INVIAS 2013, Articulo 220 – Terraplenes es muy exigente para las condiciones propias del proyecto en el cual se evalúa el material de relleno ya que los volúmenes de este material a ejecutar son muy bajos.

GUÍA PARA SUPERVISIÓN TÉCNICA DE PROYECTOS DE CONSTRUCCIÓN

Tabla 38

Análisis de resultados material de relleno tipo SBG - BG, Sub Base Granular, Base Granular.

CUADRO DE RESULTADOS OBTENIDOS EN ENSAYOS DE LABORATORIO
CONTROL DE CALIDAD RELLENO SUB-BASE GRANULAR (SBG) SEGÚN TABLA 610-4 DE NORMA INVIAS 2013 ART. 610. RELLENOS PARA ESTRUCTURAS

N°	TIPO INSPEC. / PRUEBA / ENSAYO	FRECUENCIA	VARIABLE A CONTROLAR	ESPECIFICACIONES	CRITERIO DE ACEPTACION	PROCEDENCIA N°1				
						UTILIZACION EN OBRA:				
						FECHA DE TOMA (d/m/a)	FECHA DE ENTREGA (d/m/a)	VALOR OBTENIDO	% CUMPLIMIENTO	ACEPTABILIDAD
1	Granulometria	Al establecer o cambiar la fuente de materiales / Una vez cada 15 días	Granulometria	Analisis granulométrico de los agregados grueso y fino INV E 213-13 Determinación de la cantidad de material que pasa el tamiz No.200 en los agregados petreos mediante lavado	Subbase granular tipo INV-320-13 (SBG-50) ó Base granular tipo INV-330-13 (BG-38)	11/06/2021	5/11/2021	BG-38	BG-38	CUMPLE
2	Limite liquido	Al establecer o cambiar la fuente de materiales / Una vez cada 15 días	Limite Liquido NT3	Limite liquido INV E 125-13	<=25%	15/10/2021	10/11/2021	0	0,0%	CUMPLE
3	Indice de plasticidad	Al establecer o cambiar la fuente de materiales / Una vez cada 15 días	Indice de plasticidad NT 3	Indice de plasticidad INV E 125 y 126-13	<=6%	15/10/2021	10/11/2021	0	0,0%	CUMPLE
4	Equivalente de arena %	Al establecer o cambiar la fuente de materiales / Una vez cada 15 días	Equivalente de Arena NT3	Equivalente de arena INV E 133-13	>=25%	11/06/2021	5/11/2021	29	29,0%	CUMPLE
5	Contenido de terrones de arcilla y particulas deleznables	Al establecer o cambiar la fuente de materiales / Una vez cada 15 días	Terrones arcilla NT3	Terrones arcilla INV E 211-13	<=2%	11/06/2021	5/11/2021	0,63	0,6%	CUMPLE
6	Perdidas en ensayo de solidez en sulfatos %	Al establecer o cambiar la fuente de materiales / Una vez cada 15 días	Sulfato de sodio NT3	Solidez INV E 220-13	<=12%	15/10/2021	10/11/2021	6	6,0%	CUMPLE
7	Perdidas en ensayo de solidez en sulfatos %	Al establecer o cambiar la fuente de materiales / Una vez cada 15 días	Sulfato de Magnesio NT3	Solidez INVE 220-13	<=18%	N/A	N/A	N/A	0,0%	N/A

Fuente. Elaboración propia.

Continuación

Tabla 38

Análisis de resultados material de relleno tipo SBG - BG, Sub Base Granular, Base Granular.

8	**Desgaste en la maquina de los angeles**	Al establecer o cambiar la fuente de materiales / Una vez cada 15 días	Maquina de los angeles 500 Rev NT3	Desgaste maquina de los angeles INV E 218-13	<=50%	11/06/2021	5/11/2021	26	26,0%	CUMPLE
9	**Degradacion por abrasion en equipo Micro-Deval**	Al establecer o cambiar la fuente de materiales / Una vez cada 15 días	Equipo Micro-Devalb NT3	Degradacion por abrasion en equipo Micro-Deval INV E 238-13	<=30%	11/06/2021	5/11/2021	16,3	16,3%	CUMPLE
10	**CBR**	Al establecer o cambiar la fuente de materiales / Una vez cada 15 días	Resistencia material CBR NT3	CBR INV E 148-13	>=30%	11/06/2021	5/11/2021	87,2	87,2%	CUMPLE
11	**Densidad seca maxima**	Semanal	Densidad seca maxima	Densidad seca maxima INV-E 142-13	Valor a reportar g/cm3	11/06/2021	5/11/2021	2341	N/A	CUMPLE

Fuente. Elaboración propia.

Elementos No Estructurales (ENE)

Los elementos arquitectónicos, mecánicos, elementos no estructurales u otros, que no intervienen activamente en la transferencia de esfuerzos desde el lugar de acción hasta la cimentación. Son responsables por acciones que se imponen de manera directa aplicándose sobre ellos y por su propio peso.

Desde la antigüedad se sabe que, durante un terremoto, los elementos, si no están construidos, en ocasiones se caen, provocando peligros y daños materiales. Incluso la caída de los estantes provoca daños materiales y humanos. También se conocen experiencias de accidentes en instalaciones eléctricas y de tuberías de diversas redes y redes de ingeniería, que conllevan grandes pérdidas. En las regiones donde los grandes terremotos son recurrentes, la gente tiende a olvidarse de este riesgo, por lo que en la actualidad el propio Reglamento Colombiano de Construcciones Sismo Resistentes NSR-10 incluye el Capítulo A.9, según el cual se sientan las pautas para delimitar los peligros que se pueden dar debidos a los sismos en elementos no estructurales.

Cada evento sísmico que ocurre en el mundo demuestra cada vez más el interés por el diseño y construcción de elementos no estructurales, buscando proteger la vida humana y evitar daños significativos causados por la falla de las estructuras y los elementos no estructurales.

Esta es la razón por la que las normas de diseño y construcción en todo el mundo son cada vez más estrictas en este sentido.

Esta guía quiere contribuir no solo a la comprensión de este hecho, sino también a los métodos de análisis y diseño, así como a los detalles típicos del refuerzo, para poder lograr el objetivo deseado desde el punto de vista económico.

A continuación, se presenta un cuadro de resumen donde se describe los criterios con que deben cumplir los elementos no estructurales conforme

TITULO A, CAPITULO A.9 ELEMENTOS NO ESTRUCTURALES del Reglamento Colombiano de Construcción Sismo Resistente NSR 10.

GUÍA PARA SUPERVISIÓN TÉCNICA DE PROYECTOS DE CONSTRUCCIÓN

Tabla 39

NSR 10. Titulo A, Literal A.9 Elementos No Estructurales.

Fuente. Elaboración propia.

Factores a Tener en Cuenta en el Diseño y Construcción de Elementos No Estructurales.

Durante un sismo algunos elementos no estructurales suponen un peligro especialmente grave para la vida y en otros casos puede provocar el fallo de importantes elementos estructurales, como las columnas. Estos factores incluyen, entre otros, los siguientes:

(a) Muros de fachadas - Las fachadas deben diseñarse y construirse de manera que sus partes no sean rotas por terremotos, además, el conjunto debe estar debidamente sujeto a la estructura de modo que no haya posibilidad de daño, caída, poniendo en peligro a los peatones. al nivel de la carretera. para sistemas de fachada de vidrio.

Figura 25. Muros de fachada.

Fuente. Elaboración propia.

(b) Muros internos — Se deben tomar precauciones para evitar que las paredes interiores y los tabiques se caigan. para sistemas de fachada de vidrio.

Figura 26

Muros interiores.

Fuente. Elaboración propia.

(c) Cielos rasos — Los cielos rasos que se derrumban y caen representan un grave peligro para las personas.

(d) Enchape de fachadas — La separación y la caída de los enchapes o recubrimientos de las fachadas son un grave peligro para los transeúntes. Se debe considerar estos enchapes en cuestión de diseño como un sistema que involucra todos sus componentes (soporte, relleno o mortero, materiales adhesivos y enchapes).

Al diseñar, se debe prestar especial atención a los movimientos del sistema de fachada debido a los efectos de la temperatura, los cambios de humedad y la seguridad debido a la intemperie o la deformación de la cimentación.

(e) Áticos, parapetos y antepechos — Tan potencialmente peligrosos como los elementos de revestimiento de fachadas. Cuando se compone por elementos frágiles ó tejas, se deberá tener en cuenta en el diseño la posibilidad de rotura de parapetos, áticos y antepechos hacia el interior, cayendo sobre la cubierta, fallando por ser sometido a esfuerzos y afectando en lo posible sólo la planta superior.

Figura 27

Antepechos, Aticos.

Fuente. Elaboración propia.

(f) Vidrio — El vidrio roto causado por la deformación del marco de la ventana representa un peligro para las personas en interiores o exteriores de un edificio. Se debe tener cuidado para obtener suficiente espacio libre dentro del conjunto de vidrio o ventana para evitar roturas o para garantizar que la rotura se produzca de forma segura. La instalación de láminas protectoras, vidrios templados y triple acristalamiento son otras alternativas para evitar el riesgo de rotura de vidrios. El uso de vidrio de seguridad es una alternativa para reducir los riesgos asociados a la rotura del vidrio. Para especificaciones de productos de vidrios ó cristales, y sistemas de vidrio.

(g) Panel prefabricado para fachadas — Cuando se utilizan placas de paneles prefabricados, se debe dejar suficiente espacio libre para permitir que la estructura se deforme sin afectar la losa. Además, el panel debe estar debidamente fijado al sistema de resistencia sísmica de la estructura, para evitar su desprendimiento. Si en este caso los paneles son de son de cristal ó vidrio.

(h) Columna corta o columna cautiva — Debe evitarse a toda costa algún tipo de interacción entre los elementos no estructurados y la estructura del edificio. En este tipo de interacción existe una condición de 'columna corta' o 'columna cautiva' donde la columna está restringida de su desplazamiento por un muro sin carga que no llega a la losa de entrepiso en la parte superior. En este caso, el muro deberá separarse de la columna, o elevarse a la losa de entrepiso en su parte superior, si ésta está adosada a la columna.

Tipos de Anclaje según el Valor de Rp Permitido para el Elemento No Estructural

Los sistemas de anclaje para elementos no estructurales deben ser capaces de disipar energía en el rango inelástico y elástico compatible con el Rp mínimo requerido para el elemento no estructural. Estos son algunos de los tipos de anclajes utilizados en el medio y su aceptación de diferentes valores de Rp según el Titulo A. Capitulo A.9 del Reglamento Colombiano de Construcción Sismo Resistente NSR-10:

Tabla 40

Tipos de anclaje según el valor de Rp permitido para el elemento no estructural.

TIPOS DE ANCLAJE SEGÚN EL VALOR DE Rp PERMITIDO PARA EL ELEMENTO NO ESTRUCTURAL
Especiales (Rp = 6) — Se trata de anclajes diseñados siguiendo los requisitos del Título F para estructuras acero estructural para capacidad de disipación especial (DES). Deben cumplirse todos los requisitos dados allí para permitir este valor de Rp.
Dúctiles (Rp = 6) — Cuando el anclaje se realiza por medio de anclajes profundos que emplean químicos (epóxicos), anclajes profundos vaciados en el sitio, o anclajes vaciados en el sitio que cumplen los requisitos del Capítulo C.21. No se permiten los pernos de expansión ni anclajes colocados por medios explosivos (tiros). Anclajes profundos son aquellos en los cuales la relación entre la porción embebida al diámetro del perno es mayor de 8. Este tipo de anclajes debe emplearse cuando el elemento no estructural es dúctil.
No dúctiles (Rp = 1.5) — Cuando el anclaje se realiza por medio de pernos de expansión, anclajes superficiales que emplean químicos (epóxicos), anclajes superficiales vaciados en el sitio, o anclajes colocados por medio explosivos (tiros). Anclajes superficiales son aquellos en los cuales la relación entre la porción embebida al diámetro del perno es menor de 8. Dentro de este tipo de anclajes se encuentran las barras de acero de refuerzo con ganchos en los extremos que se embeben dentro del mortero de pega de la mampostería. Este tipo de anclajes se permiten cuando el elemento no estructural no es dúctil. Si se utilizan en elementos no estructurales dúctiles, éstos deben diseñarse para el mismo valor de (Rp = 1.5).
Húmedos (Rp = 0.5) = — Cuando se utiliza mortero, o adhesivos que pegan directamente al mortero o al concreto, sin ningún tipo de anclaje mecánico resistente a tracción.

Fuente. Elaboración propia.

Elementos de Conexión para Componentes No Estructurales

El enlace que conecta el elemento no estructural con anclajes a la estructura se denomina elemento de conexión. En algunos casos es lo mismo que el elemento que ancla. Los elementos de conexión que permitan el movimiento se dispondrán de manera que sea posible el movimiento relativo entre la estructura y el elemento no estructural, mediante orificios alargados, orificios de mayor tamaño que los tornillos ó espigos, mediante elementos de acero que se flexionen u otros procesos, pero debe ser capaz de soportar fuerzas sísmicas de diseño reducidas establecidas en direcciones que no permitan el movimiento.

El elemento de conexión en sí, se debe diseñar para que resista una fuerza sísmica reducida de diseño igual a p 1.33F y todos los tornillos, pernos, espigos y soldaduras que formen parte del mismo sistema de conexión, se deben diseñar para p 3.0Fp para las fachadas.

Figura 28

Aplicación de epóxico y anclaje de dovela.

Fuente. Elaboración propia.

El tipo de anclaje requerido a utilizar en los elementos no estructurales se puede determinar con base en la siguiente tabla:

Tabla 41

Determinación del tipo de anclaje según el tipo de elemento no estructural.

TABLA A.9.5-1
Coeficiente de amplificación dinámica, a_p, y tipo de anclajes o amarres requeridos, usado para determinar el coeficiente de capacidad de disipación de energía, R_p, para elementos arquitectónicos y acabados

Elemento no estructural	a_p	Tipo de anclajes o amarres para determinar el coeficiente de capacidad de disipación de energía, R_p, mínimo requerido en A.9.4.9		
		Grado de desempeño		
		Superior	Bueno	Bajo
Fachadas				
• paneles prefabricados apoyados arriba y abajo	1.0	Dúctiles	No dúctiles	No dúctiles
• en vidrio apoyadas arriba y abajo	1.0	Dúctiles	No dúctiles	No dúctiles
• lámina en yeso, con costillas de acero	1.0	No dúctiles	No dúctiles	No dúctiles
• mampostería reforzada, separada lateralmente de la estructura, apoyadas arriba y abajo	1.0	Dúctiles	No dúctiles	No dúctiles
• mampostería reforzada, separada lateralmente de la estructura, apoyadas solo abajo	2.5	Dúctiles	No dúctiles	No dúctiles
• mampostería no reforzada, separada lateralmente de la estructura, apoyadas arriba y abajo	1.0	No se permite este tipo de elemento no estructural		No dúctiles[1]
• mampostería no reforzada, separada lateralmente de la estructura, apoyadas solo abajo	2.5	No se permite este tipo de elemento no estructural		No dúctiles[1]
• mampostería no reforzada, confinada por la estructura	1.0	No se permite este tipo de elemento no estructural		No dúctiles[2]
Muros que encierran puntos fijos y ductos de escaleras, ascensores, y otros	1.0	Dúctiles	No dúctiles	Húmedos[1]
Muros divisorios y particiones				
• corredores en áreas públicas	1.0	Dúctiles	No dúctiles	Húmedos[1]
• muros divisorios de altura total	1.0	No dúctiles	No dúctiles	Húmedos[1]
• muros divisorios de altura parcial	2.5	No dúctiles	No dúctiles	Húmedos[1]
Elementos en voladizo vertical				
• áticos, parapetos y chimeneas	2.5	Dúctiles	No dúctiles	No dúctiles
Anclaje de enchapes de fachada	1.0	Dúctiles	No dúctiles	Húmedos
Altillos	1.5	Dúctiles	No dúctiles	No dúctiles
Cielos rasos	1.0	No dúctiles	No dúctiles	No requerido[3]
Anaqueles, estanterías y bibliotecas de más de 2.50 m de altura, incluyendo el contenido				
• Diseñadas de acuerdo al Título F	2.5	Especiales	Dúctiles	No requerido[3]
• Otras	2.5	Dúctiles	No dúctiles	No requerido[3]
Tejas	1.0	No dúctiles	No dúctiles	No requerido[3]

Notas:
1. Debe verificarse que el muro no pierde su integridad al ser sometido a las derivas máximas calculadas para la estructura.
2. Además de (1) debe verificarse que no interactúa adversamente con la estructura.
3. El elemento no estructural no requiere diseño y verificación sísmica.
4. En el diseño, fabricación y supervisión del montaje de sistemas de estanterías deberán seguirse los lineamientos aplicables establecidos en la sección A.1.3.4 para su diseño estructural, y las demás condiciones que se estipulan al respecto en el Título F.

Nota. La tabla contiene criterios para determinación del tipo de anclaje según el tipo de elemento no estructural. Tomado de "Reglamento Colombiano de Construcción Sismo Resistente NSR-10, TITULO-A" por Asociación Colombiana de Ingeniería Sísmica (AIS), 2010.
(https://www.redjurista.com/Documents/decreto_1400_de_1984_ministerio_de_obras_publicas.aspx#/)

Grados de Desempeño que están Condicionados a los Grupos de Uso

El comportamiento que tienen los elementos no estructurales de una edificación mientras ocurre un sismo, este comportamiento se denomina desempeño y está clasificado por varios grados según lo define el Reglamento Colombiano de Construcción Sismo Resistente NSR-10, dichos grados se describen a continuación:

Superior

El elemento no estructural presenta un daño ó afectación mínima, lo cual no interfiere con la funcionalidad de la edificación por causa de la materialización del sismo con el cual se diseñó.

Bueno

El elemento no estructural presenta un daño ó afectación que puede ser corregible ó reparable en su totalidad, puede interferir con la funcionalidad de la edificación posteriormente a la materialización del sismo con el cual se diseñó.

Bajo

El elemento no estructural presenta un daño ó afectación grave, pueden ser no reparables, sin embargo, no se presenta colapso o desprendimiento por causa de la materialización del sismo con el cual se diseñó.

Las edificaciones se clasifican para efectos de su comportamiento sísmico las edificaciones se clasifican en cuatro grupos de uso de acuerdo con el servicio que se presta a las comunidades y se ha fijado un grado mínimo de desempeño de los elementos no estructurales para cada uno de estos grupos.

Tabla 42

Grados de desempeño asociados a grupos de uso.

GRUPO DE USO	CARACTERISTICAS	GRADO DE DESEMPEÑO MINIMO REQUERIDO
I	Estructuras de ocupación normal que son todas las cubiertas por el reglamento NSR-10 pero no contempladas en los siguientes grupos.	BAJO
II	Estructuras de ocupación especial son aquellas donde se pueden reunir más de 200 personas en un salón, graderías en las cuales puedan haber más de 2000 personas a la vez, almacenes y centros comerciales de más de 500 m² por piso, edificaciones donde residan o trabajen más de 3000 personas y edificios gubernamentales	BUENO
III	Edificaciones de atención a la comunidad son aquellas indispensables para atender a la población después de un sismo, como estaciones de bomberos, defensa civil, cuarteles de la fuerza armada, garajes de vehículos de emergencia, guarderías, escuelas, colegios, universidades y centros de atención de emergencia	SUPERIOR
IV	Edificaciones indispensables son aquellas de atención a la comunidad que deben funcionar durante y después de un sismo, como hospitales, clínicas, centros de salud, edificaciones de sistemas masivos de transporte, centrales de transporte, centrales de telecomunicación, centrales de operación y control de líneas vitales.	SUPERIOR

Nota. La tabla contiene criterios para determinación del tipo de anclaje según el tipo de elemento no estructural. Adaptado de "Reglamento Colombiano de Construcción Sismo Resistente NSR-10, TITULO-A" por Asociación Colombiana de Ingeniería Sísmica (AIS), 2010.
(https://www.redjurista.com/Documents/decreto_1400_de_1984_ministerio_de_obras_publicas.aspx#/)

Ejemplo 1

Si se diseña una edificación como por ejemplo un hospital o una clínica que son edificaciones indispensables para la atención a la comunidad por lo tanto pertenecen al GRUPO DE USO IV su grado de desempeño requerido es SUPERIOR, por lo tanto, debe diseñarse con capacidad especial de disipación de energía en el rango inelástico (DES), el daño que reciban los elementos no estructurales debe ser mínimo y no deben interferir con la operabilidad de la estructura.

Ejemplo 2

Si se diseña una edificación como por ejemplo vivienda unifamiliar de un nivel que es una estructura de ocupación normal por lo tanto pertenece al GRUPO DE USO I su grado de desempeño requerido es BAJO, por lo tanto, debe diseñarse con capacidad moderada de disipación de energía en el rango inelástico (DMO) si la zona de amenaza sísmica es intermedia, el daño que reciban los elementos no estructurales es grave e inclusive no reparable, pero sin desprendimiento o colapso.

Criterios de Diseño de los Elementos No Estructurales

La NSR-10 en su literal A.9.4.1 GENERAL indica que el diseñador de los elementos no estructurales puede adoptar una de dos estrategias en el diseño:

Separarlos de la Estructura

Respecto a este tipo de elementos no estructurales el Reglamento Colombiano de Construcción Sismo Resistente NSR-10 los define de cierta forma, ver en ***Referencia 09*** del documento ***ANEXO N° 2. Textos de Referencias Normativas***.

GUÍA PARA SUPERVISIÓN TÉCNICA DE PROYECTOS DE CONSTRUCCIÓN 122

Figura 29

Muro de fachada separado de la estructura, no admite deformaciones.

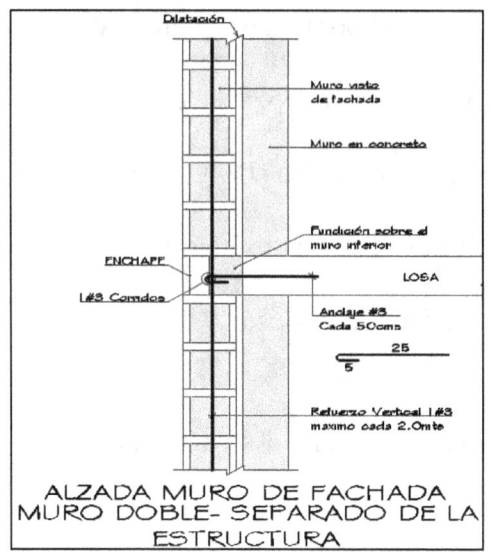

Fuente. Elaboración propia.

Figura 30

Muro interno separado de la estructura, no admite deformaciones.

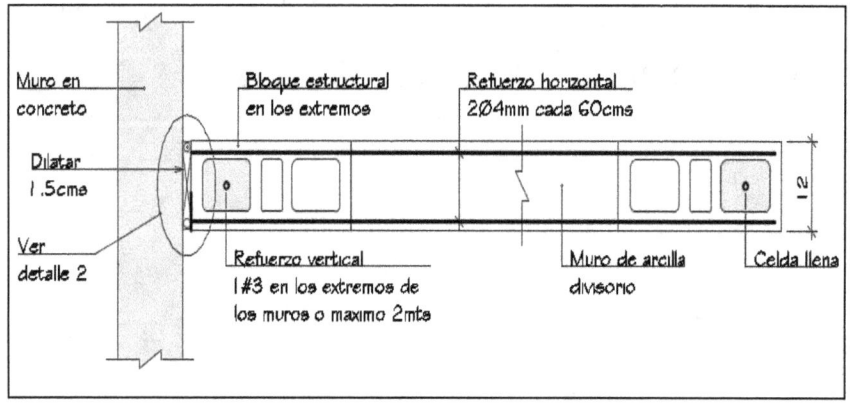

Fuente. Elaboración propia.

Figura 31

Muro de panel yeso separado de la estructura, no admite deformaciones.

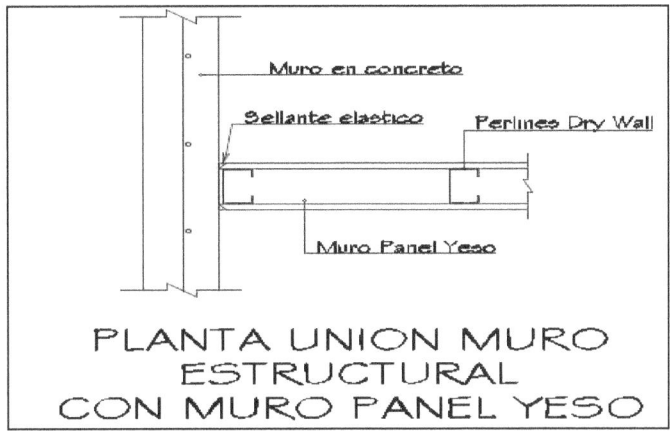

Fuente. Elaboración propia.

Disponer Elementos que Admitan las Deformaciones de la Estructura

Respecto a este tipo de elementos no estructurales el Reglamento Colombiano de Construcción Sismo Resistente NSR-10 los define cierta forma, ver en ***Referencia 10*** del documento ***ANEXO N° 2. Textos de Referencias Normativas***.

GUÍA PARA SUPERVISIÓN TÉCNICA DE PROYECTOS DE CONSTRUCCIÓN 124

Figura 32

Unión muro no estructural con muro estructural concreto, admite deformaciones.

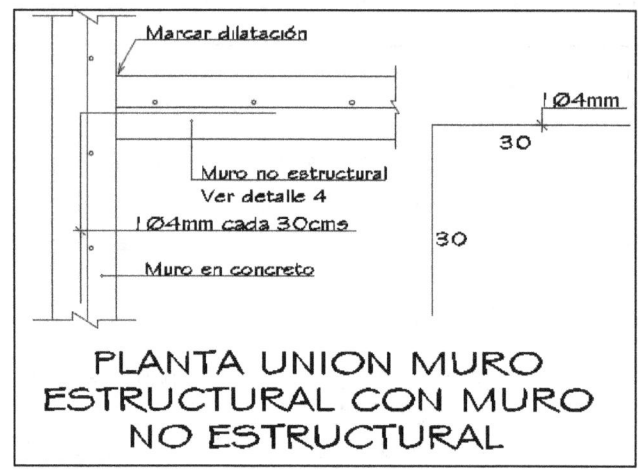

Fuente. Elaboración propia.

Figura 33

Unión muro no estructural mampostería con muro estructural concreto, admite deformaciones.

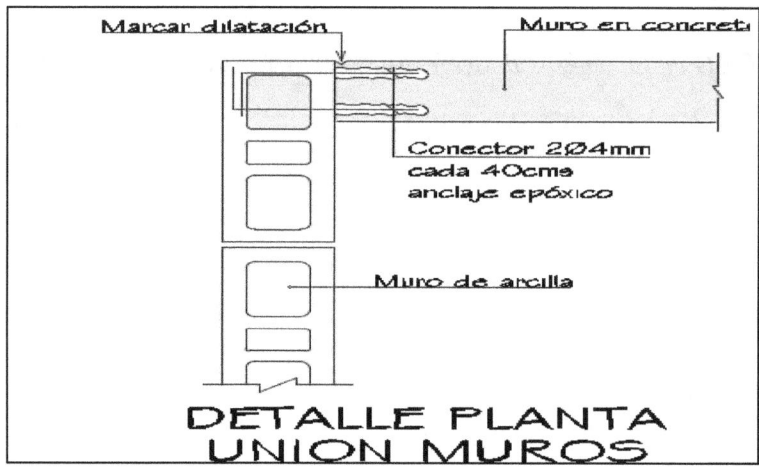

Fuente. Elaboración propia.

Figura 34

Anclaje de tubería hidrosanitaria, RCI ó Conduit, admiten deformaciones.

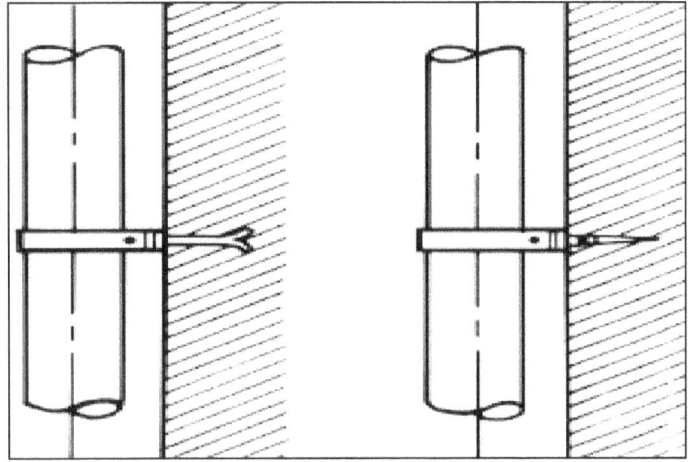

Fuente. Elaboración propia.

Grupos de Elementos que Enuncia la NSR- 10, y que se Debe Tener en Cuenta para su Anclaje y Estabilidad Ante el Sismo

Según la NSR-10 los grupos de elementos no estructurales que deben tenerse en cuenta el diseño para su anclaje y estabilidad ante un sismo son los que se mencionan en la *Tabla 43* como sigue:

Tabla 43

Grupos de elementos no estructurales a tener en cuenta en diseño.

(A) ACABADOS Y ELEMENTOS ARQUITECTÓNICOS Y DECORATIVOS	
(B) INSTALACIONES HIDRÁULICAS Y SANITARIAS	
(C) INSTALACIONES ELÉCTRICAS	
(D) INSTALACIONES DE GAS	
(E) EQUIPOS MECÁNICOS	
(F) ESTANTERÍAS	
(G) INSTALACIONES ESPECIALES	

Fuente. Elaboración propia.

Planos Constructivos y Técnicos donde se Encuentran y Especifican las Fijaciones ó Anclajes de los Elementos No Estructurales

Los planos de detalles estructurales y arquitectónicos además de los planos de taller nos muestran anclajes y fijaciones para los elementos no estructurales.

Se utilizan en diferentes aplicaciones tales como:

1. Anclajes de soporte para Instalaciones Sanitarias.
2. Anclajes de soporte para Instalaciones Hidráulicas.
3. Anclajes de soporte para Instalaciones Eléctricas.
4. Anclajes de soporte para Instalaciones de Red Contra Incendio.
5. Anclajes de soporte para Instalaciones de Gas.
6. Anclajes de soporte para Instalaciones de Aires Acondicionados.
7. Anclajes de soporte para Instalaciones de Muros Drywall.
8. Anclajes de soporte para Instalaciones de Cielos Rasos Drywall.
9. Anclajes de dovelas para Muros en Mampostería.
10. Anclajes de unión entre muros.

GUÍA PARA SUPERVISIÓN TÉCNICA DE PROYECTOS DE CONSTRUCCIÓN 128

Figura 35

Detalle anclaje en losa.

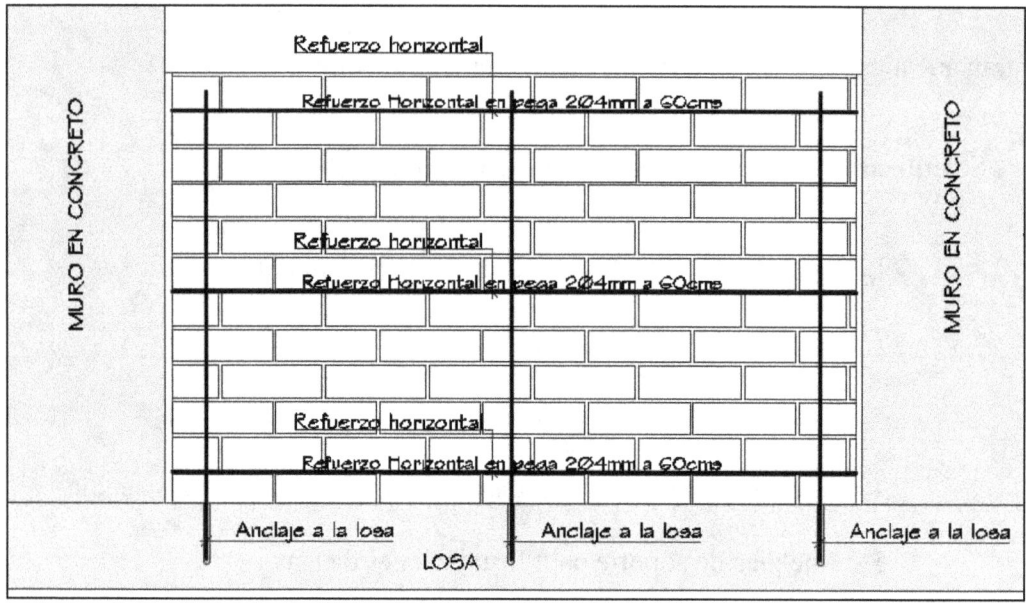

Fuente. Elaboración propia.

Figura 36

Detalle anclaje en muro.

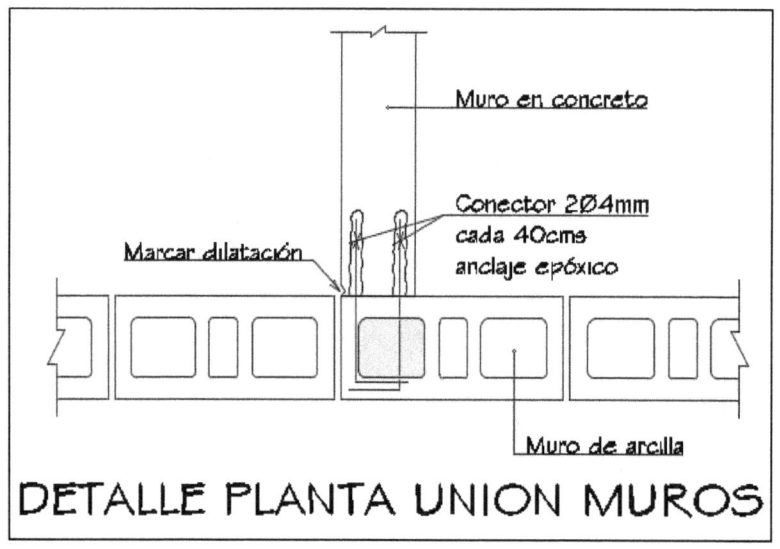

Fuente. Elaboración propia.

Diferencia entre ser Responsable para la Materialización de los Elementos No Estructurales y la Responsabilidad del Diseño y los Cálculos.

A continuación, se describe desde mi perspectiva como constructor, las diferencias respecto a las responsabilidades de materialización y diseño de los elementos no estructurales.

Responsable para la Materialización de los Elementos No Estructurales.

El responsable de la materialización debe ser el supervisor técnico quien debe verificar que la construcción e instalación de los elementos no estructurales se realice siguiendo los planos y especificaciones correspondientes.

Cuando sólo se indica el grado de desempeño requerido en los cuales en los documentos de diseño (planos, memorias y especificaciones), es supervisor técnico quien se debe responsabilizar de verificar que dichos elementos no estructurales instalados en la edificación se encuentren efectivamente en la capacidad de cumplir el grado de desempeño que el diseñador de estos ha especificado.

Responsable del Diseño y los Cálculos de los Elementos No Estructurales.

El diseño sísmico de los elementos no estructurales recae en el equipo de profesionales quienes son totalmente responsables de este y mediante su direccionamiento se realizan los diferentes diseños particulares del proyecto.

El hecho de que un elemento no estructural figure en un plano o memoria de diseño da la presunción de que se han tomado absolutamente las medidas necesarias con el fin de dar cumplimiento al grado de desempeño requerido ya apropiado, por lo cual el profesional que elabora, rotula y firma el plano es el responsable de que dicho diseño se haya realizado para el grado de desempeño especificado para este elemento no estructural.

El constructor que ha suscrito la licencia de construcción es el responsable final de que el diseño de elementos estructurales se haya realizado adecuadamente y que su construcción se materialice de manera apropiada conforme lo indicado en NSR-10 Titulo A.1.3.6.5 y debe dar cumplimiento a estos requerimientos normativos.

Tipos de Mampostería en que se Pueden Hacer los Muros No Estructurales

Los muros no estructurales se pueden hacer en Mampostería no reforzada: es la construcción con base en piezas de mampostería unidas por medio de mortero que no cumple las cuantías de refuerzo mínimas definidas para tipos de mampostería reforzada parcialmente. Debe dar cumplimiento a lo establecido en el Titulo D, Capitulo D.9 del Reglamento Colombiano de Construcción Sismo Resistente NSR-10, (muros de mampostería no reforzada). Este tipo de sistema estructural está clasificado como aquel que posee capacidad mínima de disipación de energía en el rango inelástico (DMI) dentro de los requerimientos normativos.

Si los muros no estructurales pertenecen a una edificación de grupo de uso III y IV y su grado de desempeño es superior deben realizarse con capacidad especial de disipación de energía en el rango inelástico (DES), debe utilizarse mampostería reforzada, ya sea estructural acorde al título D, ó confinada acorde al título E de la NSR-10.

La Manera de Anclar un Muro No Estructural Hecho en Bloque # 5 (Perforación Horizontal) a las Placas Inferior y Superior

La manera como se debe anclar un muro no estructural hecho en bloque de mampostería de perforación horizontal a las placas inferior y superior, ya sea contrapiso y entrepiso ó entre niveles superiores se describe como ejemplo a continuación:

El bloque estándar #5 es ideal para construir muros divisorios y muros a la vista que se basan en la unidad de mampostería de perforación horizontal de uso interno y no estructural. Las utilizaciones de estos productos están guiadas por las normas o recomendaciones constructivas contempladas en la norma NSR-010 y a la guía para el diseño sismo resistente de elementos no estructurales.

Método de instalación

La utilización del bloque estándar # 4 y 5 está relacionada con las normas o recomendaciones constructivas de la norma NSR-10 y la guía para el diseño sismo resistente de elementos no estructurales.

Mantenimiento:

No requiere, pues queda incorporado a la mampostería.

Clasificación:

Tipo PH: unidad de mampostería de perforación horizontal (de uso interno y no estructural)

"En los sitios indicados en los planos se debe construir primero la hilada, con mortero colocado directamente sobre el contra piso. Las conexiones requeridas para intersecciones se deben anclar en las correspondientes juntas de pega". (Mellado Aranzales, 2017)

Figura 37

Muro no estructural en bloque #5 perforación horizontal

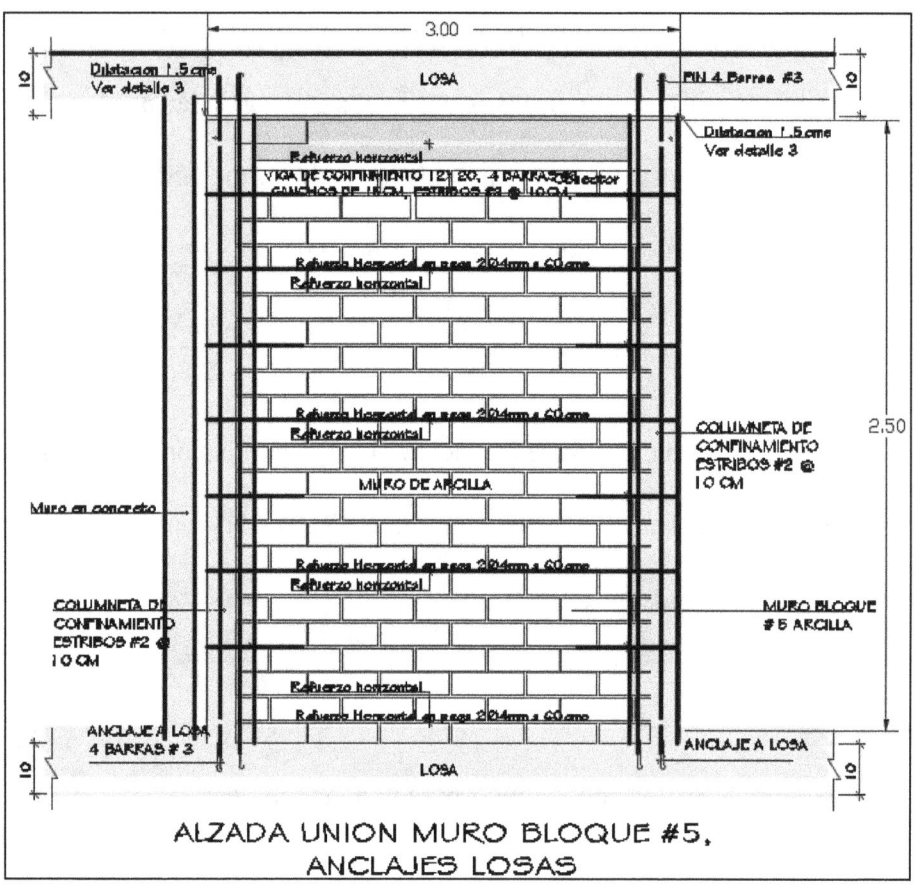

Fuente. Elaboración propia.

Ejemplo de Verificación de Elementos No Estructurales (ENE) Soportes para Instalaciones Hidrosanitarias

Para este ejemplo se realizara una verificación básica del cálculo de la soportería de los elementos no estructurales (ENE) en este caso la de las redes de Instalaciones Hidráulicas Y Sanitarias de una edificación que pertenece al Grupo de Uso II, teniendo en cuenta los criterios de diseño definidos en el Reglamento Colombiano de Construcción Sismo Resistente NSR-10, Titulo A. capítulo A.9 Elementos No Estructurales el cual cubre las previsiones sísmicas que deben tenerse en cuenta durante la elaboración del diseño de los elementos no estructurales, ya que estos deben diseñarse sísmicamente además de sus anclajes a la estructura.

Dentro de los elementos no estructurales que deben ser diseñados sísmicamente se incluye:

a) Acabados y Elementos Arquitectónicos y Decorativos
b) Instalaciones Hidráulicas y Sanitarias
c) Instalaciones Eléctricas
d) Instalaciones de Gas
e) Equipos Mecánicos
f) Estanterías
g) Instalaciones Especiales

Para nuestro ejemplo elegimos:

b) Instalaciones Hidráulicas y Sanitarias

Para los grupos de elementos no estructurales (ENE) que requieran de la aplicación del diseño de los mismos, debe tenerse en cuenta lo indicado en el Título A.9 del Reglamento Colombiano de Construcción Sismo Resistente NSR 10, en el momento de diseñarse lo siguiente:

- Grupo de uso.

- Grado de desempeño.
- Criterio de diseño.
- Fuerza sísmica de diseño.
- Tipo de Anclaje

Grupo de Uso

Todas las edificaciones deben clasificarse dentro de los siguientes Grupos de Uso, ver en *Referencia 11* del documento *ANEXO N° 2. Textos de Referencias Normativas*.

Para este cálculo dado que el proyecto es una edificación perteneciente al grupo de uso II se debe tener en cuenta lo siguiente:

El Coeficiente de Importancia

El coeficiente de importancia I modifica el espectro y con él las fuerzas de diseño en función del grupo de uso al que se destine el edificio a tener en cuenta que para edificios de los grupos II, III y IV, los valores de aceleración deben considerarse con un valor inferior probabilidad de ser superada que la del diez por ciento en un periodo de cincuenta años contemplada en A.2.2.1. En la Tabla A.2.5.1 del Reglamento Colombiano De Construcción Sismo Resistente NSR-10. se dan los valores del coeficiente de importancia I.

Tabla 44

Valores del coeficiente de importancia I, Según tabla A.2.5-1 de la NSR-10.

GRUPO DE USO	COEFICIENTE DE IMPORTANCIA I
IV	1.50
III	1.25
II	**1.10**
I	1.00

Nota. La tabla contiene coeficiente de importancia según el grupo de uso del elemento no estructural. Tomado de "Reglamento Colombiano de Construcción Sismo Resistente NSR-10, TITULO-A" por Asociación Colombiana de Ingeniería Sísmica (AIS), 2010.
(https://www.redjurista.com/Documents/decreto_1400_de_1984_ministerio_de_obras_publicas.aspx#/)

Clasificación en uno de los Grados de Desempeño

La edificación debe clasificarse dentro de uno de los tres grados de desempeño de los Elementos No Estructurales definidos en el Reglamento Colombiano de Construcción Sismo Resistente Nsr-10 Titulo A, en la tabla A.9.2.1. Este grado de desempeño no puede ser inferior al mínimo permisible en A.9.23. de manera voluntaria el propietario de la edificación puede realizar la exigencia de que el diseño se realice para dar cumplimiento a un grado de desempeño superior al mínimo especificado por la norma, informando por medio escrito a los responsables de realizar los diseños, si esta comunicación no existe, los quien diseña solo se obliga a dar cumplimiento al grado de desempeño mínimo permitido por la norma.

Para saber cuál es el grado de desempeño y el Coeficiente de Importancia se debe definir el grupo de uso según el Ítem A.2.5.1 y el Coeficiente según A.2.5.2 de la NSR 10.

Grado de Desempeño Mínimo Requerido

Tabla 45

Grado de desempeño mínimo requerido conforme al grupo de uso.

GRUPO DE USO	GRADO DE DESEMPEÑO
IV	Superior
III	Superior
II	**Bueno**
I	Bajo

Nota. La tabla contiene grado de desempeño mínimo según el grupo de uso del elemento no estructural. Tomado de "Reglamento Colombiano de Construcción Sismo Resistente NSR-10, TITULO-A" por Asociación Colombiana de Ingeniería Sísmica (AIS), 2010.
(https://www.redjurista.com/Documents/decreto_1400_de_1984_ministerio_de_obras_publicas.aspx#/)

Criterios para el Diseño

Quien diseñe los Elementos No Estructurales (ENE) puede tomar como referencia ó adoptar alguna de las 2 estrategias definidas para en el diseño según el Reglamento Colombiano De Construcción Sismo Resistente NSR-10, las cuales son:

a)-Separarlos de la Estructura.

b)-Disponer elementos que admitan las deformaciones de la estructura.

Para los cálculos de los soportes se usa este criterio

a) Disponer elementos que admitan las deformaciones de la estructura. En este tipo de diseño, los elementos no estructurales están en contacto con la estructura y por lo tanto deben ser lo suficientemente flexibles para poder soportar las deformaciones que la estructura ejerce sobre ellos sin mayor daño del esperado. En este tipo de diseño debe haber una coordinación con el Ingeniero Estructural, con el fin de que este tome en cuenta el potencial efecto nocivo sobre la estructura que entre elementos estructurales y no estructurales se pueda tener interacción.

Fuerzas Sísmicas de Diseño: Las fuerzas sísmicas horizontalesreducidas de diseño que actúan sobre cualquier elemento no estructural deben calcularse utilizando la siguiente ecuación.

*Fp = [((ax * ap)/Rp) * g * Mp] ≥ [((Aa * I) /2) * g * Mp]*

Donde:

Tabla 46

Parámetros de diseño de elementos no estructurales (ENE).

PARAMETROS DE DISEÑO
F_p: Fuerza Sísmica Horizontal sobre el Elemento No Estructural, aplicada en su centro de masa.
a_x: Aceleración Horizontal, expresada como un porcentaje de la aceleración de la gravedad, sobre el elemento no estructural, localizado en el piso x. *Este valor lo suministra el diseñador estructural del proyecto*
a_p: Coeficiente de ampliación dinámica del elemento no estructural. Se da enlas Tablas A.9.5-1 y A.9.6-1.
R_p: Coeficiente de capacidad de disipación de energía del elemento no estructural y su sistema de soporte. Se da en las Tablas A.9.5-1 y A.9.6-1.
g: Aceleración debida a la gravedad: 9.8 m/s^2.
M_p: Masa del elemento no estructural.
A_a: Coeficiente que representa la aceleración horizontal pico efectiva para diseño dado en A.2.2.
I: Coeficiente de importancia dado en A.2.5.2

Nota. La tabla contiene parámetros de diseño del elemento no estructural. Tomado de "Reglamento Colombiano de Construcción Sismo Resistente NSR-10, TITULO-A" por Asociación Colombiana de Ingeniería Sísmica (AIS), 2010.
(https://www.redjurista.com/Documents/decreto_1400_de_1984_ministerio_de_obras_publicas.aspx#/)

Cálculo de Fuerza Sísmica de Diseño

a_x: Este valor depende del nivel de altura del piso.

El cálculo de a_x se puede realizar por distintos métodos, pero para efectos del cumplimiento normativo regional es recomendable usar el valor calculado por el método de la NSR 10 que consta de la siguiente ecuación que tiene en cuenta las fuerzas sísmicas de diseño obtenidas mediante el método de fuerza horizontal equivalente como lo define el titulo A, capítulo A.4 de la NSR10.

$$a_x = A_s + \frac{(S_a - A_s)h_x}{h_{eq}} \quad h_x \leq h_{eq}$$

$$a_x = S_a \frac{h_x}{h_{eq}} \quad h_x \geq h_{eq}$$

(A.9.4-2)

Para mayor practicidad también se puede solicitar a el diseñador responsable del diseño estructural que suministre el valor de a_x.

A continuación, se presenta una tabla con ejemplo de la información suministrada de ax:

Tabla 47

Cálculo de aceleraciones ax por piso.

ACELERACIONES POR PISO			
NIVEL	hx	hx/heq	ax NSR-10
PISO TECNICO (CUBIERTA) PISO 3	13.39	0.29	0.336
PISO 2	7.40	0.16	0.298
PISO 1	N/A	N/A	N/A

Fuente. Elaboración propia.

Teniendo en cuenta que la tubería que sirve al piso 1 esta descolgada de la losa del piso 2 se usa el valor de ax de este nivel.

$a_x = 0.298$

Teniendo en cuenta que la tubería al piso 2 esta descolgada de la losa del piso técnico cubierta, piso 3 se usa el valor de ax de este nivel.

$a_x = 0.336$

a_p = Coeficiente de ampliación dinámica del elemento no estructural. Se da en las Tablas A.9.6-1. Teniendo en cuenta el Grupo de Uso **II** para el cual el grado de desempeño es Bueno se revisa la tabla y se obtiene el valor de a_p y el tipo de anclaje requerido.

Asi = Para tuberías Hidráulicas y Sanitarias: en Tabla A.9.6-1 de la NSR-10 "Otros sistemas de tuberías":

$a_p = 2.5$

Tipo de anclaje: según tabla A.9.6-1 de la NSR-10 es NO requerido

Para tuberías del Sistema Contra Incendio:

$a_p = 2.5$

Tipo de anclaje = No Dúctil

Los anclajes No Dúctil según A.9.4.3 Tienen un Rp = 1.5.

Estos anclajes se pueden realizar por medio de pernos de expansión, anclajes superficiales queempelan químicos (epóxidos), anclajes superficiales vaciados en el sitio o anclajes colocados por medio de explosivos (tiro).

Tabla 48

Coeficiente de amplificación dinámica, a_p, y tipo de anclajes o amarres requeridos, usado para determinar el coeficiente de capacidad de disipación de energía, R_p, para elementos hidráulicos, mecánicos o eléctricos [a], según tabla A.9.6-1 de la NSR-10.

Elemento no estructural	a_p [b]	Tipo de anclajes o amarres para determinar el coeficiente de capacidad de disipación de energía, R_p, mínimo requerido en A.9.4.9		
		Grado de desempeño		
		Superior	Bueno	Bajo
Sistemas de protección contra el fuego	2.5	Dúctiles	No dúctiles	No dúctiles
Plantas eléctricas de emergencia	1.0	No dúctiles	No dúctiles	No requerido[g]
Maquinaria de ascensores, guías y rieles del ascensor y el contrapeso	1.0	Dúctiles	No dúctiles	No requerido[g]
Equipo en general: Calderas, hornos, incineradores, calentadores de agua y otros equipos que utilicen combustibles, y sus chimeneas y escapes. Sistemas de comunicación. Ductos eléctricos, cárcamos y bandejas de cables[c]. Equipo eléctrico, transformadores, subestaciones, motores, etc. Bombas hidráulicas. Tanques, condensadores, intercambiadores de calor, equipos de presión. Empates con las redes de servicios públicos.	1.0	Dúctiles	No dúctiles	No requerido[g]
Maquinaria de producción industrial	1.0	Dúctiles	No dúctiles	Húmedos
Sistemas de tuberías: Tuberías de gases y combustibles	2.5	Dúctiles	No dúctiles	No dúctiles
Tuberías del sistema contra incendio	2.5	Dúctiles	No dúctiles	No dúctiles
Otros sistemas de tuberías[d]	2.5	No dúctiles	No requerido[g]	No requerido[g]
Sistemas de aire acondicionado, calefacción y ventilación, y sus ductos[e]	1.0	Dúctiles	No dúctiles	No requerido[g]
Paneles de control y gabinetes eléctricos		No dúctiles	No dúctiles	No requerido[g]
Luminarias y sistemas de iluminación[f]	1.0	No dúctiles	No dúctiles	No requerido[g]

Notas:
(a) Véase las exenciones en A.9.1.3.
(b) Los valores de a_p dados son para la componente horizontal. Para la componente vertical deben incrementarse en un 33%.
(c) No hay necesidad de disponer soportes sísmicos para las bandejas de cables eléctricos en las siguientes situaciones: (1) Ductos y bandejas de cables colgados de soportes individuales que tienen 300 mm o menos de longitud. (2) En espacios para equipos mecánicos y calderas, donde el ducto tiene menos de 30 mm de diámetro interior. (3) Cualquier ducto eléctrico de menos de 65 mm de diámetro interior, localizado en otros espacios.
(d) No hay necesidad de disponer soportes sísmicos para las tuberías en las siguientes situaciones: (1) Tuberías colgadas de soportes individuales que tienen 300 mm o menos de longitud. (2) En espacios para equipos mecánicos y calderas, donde la tubería tiene menos de 30 mm de diámetro interior. (3) Cualquier tubería de menos de 65 mm de diámetro interior, localizado en otros espacios.
(e) No hay necesidad de disponer soportes sísmicos para los ductos de calefacción, ventilación y aire acondicionado en las siguientes situaciones: (1) Ductos colgados de soportes individuales que tienen 300 mm o menos de longitud. (2) Ductos que tienen una sección con un área menor de 0.60 m².
(f) Las luminarias dispuestas como péndulos deben diseñarse utilizando un valor de a_p igual a 1.5. El soporte vertical debe diseñarse con un factor de seguridad igual a 4.0.
(g) El elemento no estructural no requiere diseño y verificación sísmica.

Nota. La tabla contiene coeficiente de amplificación dinámica, ap, y tipo de anclajes o amarres requeridos, usado para determinar el coeficiente de capacidad de disipación de energía, Rp, para elementos hidráulicos, mecánicos o eléctricos. Tomado de "Reglamento Colombiano de Construcción Sismo Resistente NSR-10, TITULO-A" por Asociación Colombiana de Ingeniería Sísmica (AIS), 2010.
(https://www.redjurista.com/Documents/decreto_1400_de_1984_ministerio_de_obras_publicas.aspx#/)

M_p = Masa del elemento no estructural.

El M_p = Es el peso de las tuberías cargadas con agua

Tabla 49

Peso de las tuberías cargadas con agua.

MATERIAL	TUBERIA DIAMETRO (pulg)	PESO DEL TUBO (kg/m)	CONTENDIO DE AGUA (l/m)	PESO TOTAL TUBO+AGUA (kg/m)
Tubería PVC Presión	1/2	0,13	0,23	0,36
	3/4	0,2	0,35	0,55
	1	0,33	0,58	0,91
	1 1/4	0,51	0,91	1,42
	1 1/2	0,79	1,43	2,22
	2	1,26	2,26	3,52
	2 1/2	1,78	3,2	4,98
	3	2,56	5,61	8,17
	4	3,83	6,88	10,71
Tubería PVC Sanitaria	1 1/2	0,4	1,69	2,09
	2	0,53	2,75	3,28
	3	0,73	3,91	4,64
	4	1,08	5,62	6,7
	6	1,57	8,43	10
Tubería Acero al Carbón	1	2,5	0,69	3,19
	1 1/4	3,39	1,12	4,51
	1 1/2	4,05	1,5	5,55
	2	5,44	2,44	7,88
	2 1/2	8,63	3,61	12,24
	3	11,29	5,42	16,71
	4	16,07	9,14	25,21
	6	28,26	20,18	48,44

Fuente. Elaboración propia.

A_a = Coeficiente que representa la aceleración horizontal pico efectiva paradiseño dado en A.2.2.

A_a = Coeficiente que representa la aceleración horizontal pico efectiva para diseño dado en A.2.2. (movimientos Sísmicos de diseño). El valor de Aadebe determinarse de acuerdo con A.2.2.2 Y A.2.2.3 y se obtiene de la Tabla A.2.3-2.

Tabla 50

Aceleraciones para ciudades y departamentos de Colombia.

Tabla A.2.3-2
Valor de A_a y de A_v para las ciudades capitales de departamento

Ciudad	A_a	A_v	Zona de Amenaza Sísmica
Arauca	0.15	0.15	Intermedia
Armenia	0.25	0.25	Alta
Barranquilla	0.10	0.10	Baja
Bogotá D. C.	0.15	0.20	Intermedia
Bucaramanga	0.25	0.25	Alta
Cali	0.25	0.25	Alta
Cartagena	0.10	0.10	Baja
Cúcuta	0.35	0.30	Alta
Florencia	0.20	0.15	Intermedia
Ibagué	0.20	0.20	Intermedia
Leticia	0.05	0.05	Baja
Manizales	0.25	0.25	Alta
Medellín	0.15	0.20	Intermedia
Mitú	0.05	0.05	Baja
Mocoa	0.30	0.25	Alta
Montería	0.10	0.15	Intermedia
Neiva	0.25	0.25	Alta
Pasto	0.25	0.25	Alta
Pereira	0.25	0.25	Alta
Popayán	0.25	0.20	Alta
Puerto Carreño	0.05	0.05	Baja
Puerto Inírida	0.05	0.05	Baja
Quibdó	0.35	0.35	Alta
Riohacha	0.10	0.15	Intermedia
San Andrés, Isla	0.10	0.10	Baja
Santa Marta	0.15	0.10	Intermedia
San José del Guaviare	0.05	0.05	Baja
Sincelejo	0.10	0.15	Intermedia
Tunja	0.20	0.20	Intermedia
Valledupar	0.10	0.10	Baja
Villavicencio	0.35	0.30	Alta
Yopal	0.30	0.20	Alta

Nota. La tabla aceleraciones para ciudades y departamentos de Colombia. Tomado de "Reglamento Colombiano de Construcción Sismo Resistente NSR-10, TITULO-A" por Asociación Colombiana de Ingeniería Sísmica (AIS), 2010.
(https://www.redjurista.com/Documents/decreto_1400_de_1984_ministerio_de_obras_publicas.aspx#/)

Para la Ciudad de Cali Aa = 0.25

Valores del Coeficiente de Importancia I según NSR-10, Titulo A, Tabla A.2.5-1

I = Coeficiente de importancia dado en A.2.5.2

GUÍA PARA SUPERVISIÓN TÉCNICA DE PROYECTOS DE CONSTRUCCIÓN 143

Tabla 51

Valores del coeficiente de importancia i según NSR-10, Titulo A, Tabla A.2.5-1.

GRUPO DE USO	COEFICIENTE DE IMPORTANCIA I
IV	1.50
III	1.25
II	**1.10**
I	1.00

Nota. La tabla contiene coeficiente de importancia según grupo de uso del elemento no estructural. Tomado de "Reglamento Colombiano de Construcción Sismo Resistente NSR-10, TITULO-A" por Asociación Colombiana de Ingeniería Sísmica (AIS), 2010.
(https://www.redjurista.com/Documents/decreto_1400_de_1984_ministerio_de_obras_publicas.aspx#/)

Resumen de Parámetros

A continuación, se presentan en la **Tabla 52** el resumen de los parámetros a tener en cuenta para el cálculo de las fuerzas sísmicas en el punto de anclaje del soporte del elemento no estructural.

Tabla 52

Resumen de parametros.

PARAMETRO	VALOR
a_x : Para tuberías descolgadas losa Piso 2°	0.298
a_x : Para tuberías descolgadas losa Piso 3°	0.336
a_p	2.5
R_p	1.5
g	9.81
Aa	0.25
I	1.10

Fuente. Elaboración propia.

Para nuestro ejemplo tenemos varios tipos de soportes los cuales de describen a continuación.

Tabla 53

Tipos de soportes.

	TIPOS DE SOPORTES INSTALACIONES HIDROSANITARIAS Y RCI INDICADOS EN LAS ESPECIFICACIONES TECNICAS
N°	DESCRIPCION
	INSTALACIONES SANITARIAS
1	SOPORTES PLATINA
2	SOPORTES TIPO CUELGA
3	SOPORTE TIPO TECNA

Fuente. Elaboración propia.

El esquema gráfico de los soportes utilizados es el siguiente:

Figura 38

Detalle soporte platina.

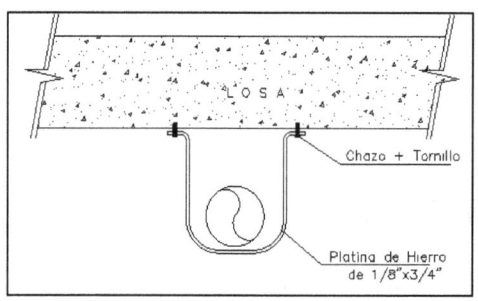

Fuente. Elaboración propia.

Figura 39

Detalle soporte tipo cuelga.

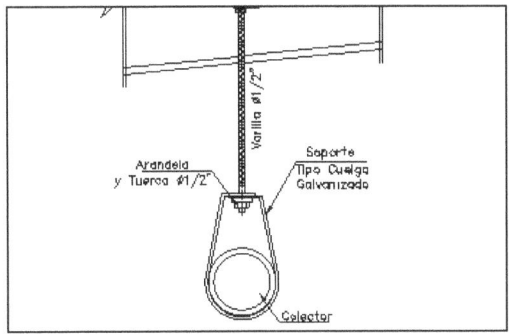

Fuente. Elaboración propia.

Figura 40

Detalle soporte tipo tecna.

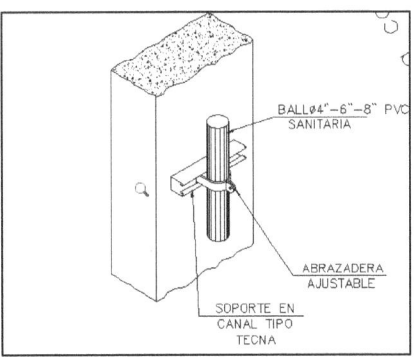

Fuente. Elaboración propia.

Anclaje de Soporte N°1 (Soportes Platina)

Se utiliza chazo ó taco de nylon tipo TN4S mas un tornillo goloso tipo TPP040035 los cuales en conjunto pueden soportar una carga maxima en todas las direcciones Frec de 0,28 KN equivalentes a 28,6 Kgf en material de concreto no fisurado.

GUÍA PARA SUPERVISIÓN TÉCNICA DE PROYECTOS DE CONSTRUCCIÓN

Figura 41

Chazo plástico de nylon tipo TN4S y tornillo TPP040035.

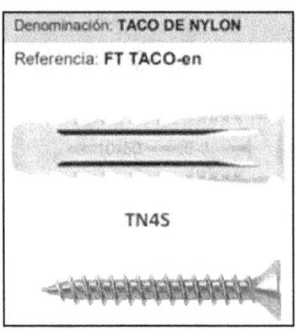

Nota. La Imagen contiene Taco (Chazo) de Nylon TN4S. Tomado de "Ficha Técnica Taco" por Index Fixing Systems, 2018. (https://www.indexfix.com/docs/FT_TACO_es.pdf)

Las especificaciones de carga máxima recomendada para Chazo plástico de nylon tipo TN4S y tornillo TPP040035 son las siguientes:

Tabla 54

Especificaciones de carga máxima recomendada para Chazo plástico de nylon tipo TN4S y tornillo TPP040035.

CARGA MAXIMA RECOMENDADA EN TODAS LAS DIRECCIONES Frec [kN]																	
CODIGO DEL TACO	TN4S05		TN4S06			TN4S08			TN4S10			TN4S12			TN4S14		
CODIGO DEL TORNILLO	TPP030040	TPP040035	TPP040040	TPP050040	VARILLA M4	TPP045050	TPP050050	VARILLA M5	TB05050	TB08050	VARILLA M6	TB08070	TB10070	VARILLA M8	TB10080	TB 120 80	VARILLA M10
HORMIGON NO FISURADO	0,21	0,28	0,20	0,33	0,15	0,55	1,67	0,27	1,58	2,51	0,61	1,47	3,86	0,66	2,63	6,16	0,88
HORMIGON FISURADO	0,05	0,07	0,05	0,1	...	0,26	0,46	...	0,34	0,93	...	0,56	1,70	...	1,33	2,77	...
LADRILLO MACIZO	0,10	0,19	0,13	0,17	...	0,69	1,02	...	0,93	1,57	...	0,61	1,02	...	1,09	2,19	...
LADRILLO HUECO	0,18	0,13	0,10	0,15	...	0,21	0,20	...	0,29	0,47	...	0,52	0,53	...	0,62	0,73	...

Nota. La tabla contiene TN4S - Carga Máxima Recomendada En Todas Las Direcciones Frec [kN]. Tomado de "Ficha Técnica Taco" por Index Fixing Systems, 2018. (https://www.indexfix.com/docs/FT_TACO_es.pdf).

Anclaje ³/₈" de Soporte N°2 (Soportes tipo Cuelga y Tecna)

El soporte HDI de 3/8" inoxidable utilizado para anclarlo a la estructura soporta una carga de 1040 Lb.

Figura 42

Anclaje expansivo HDI 3/8".

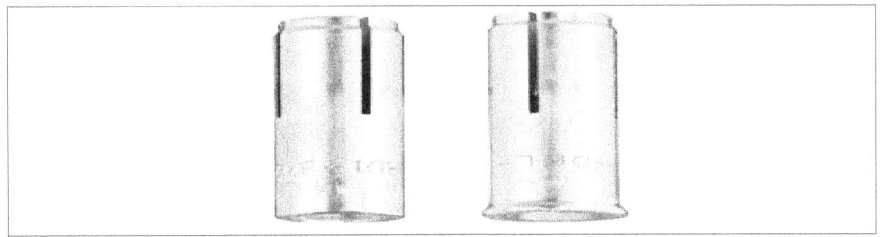

Nota. La imagen contiene Anclaje expansivo HDI 3/8".]. Tomado de "Manual técnico de anclaje, Ficha técnica HDI, HDI-L, HDI+ y HDI-L+" por HILTI 2019. (https://www.hilti.com.ar/medias/sys_master/documents/hd5/he6/9486325612574/Informacion-tecnica-ASSET-DOC-LOC-5901000.pdf).

Las especificaciones de carga máxima recomendada para el anclaje HDI 3/8" son las siguientes:

Tabla 55

Especificaciones de carga máxima recomendada para el anclaje HDI 3/8".

Diámetro nominal del anclaje	F´c = 4000 Psi			
	Tensión (lb)		Corte (lb)	
Pulg.	lb	(kN)	lb	(kN)
1/4	480	(2.1)	600	(2.7)
3/8	1.040	(4.6)	1.230	(5.5)
1/2	1.840	(8.2)	2.760	(12.30)
5/8	2.630	(11.7)	4.510	(20.1)
3/4	3.830	(17,0)	5.580	(24.8)

Nota. La tabla contiene Especificaciones de carga máxima recomendada para el anclaje HDI 3/8". Tomado de "Manual técnico de anclaje, Ficha técnica HDI, HDI-L, HDI+ y HDI-L+" por HILTI 2019. (https://www.hilti.com.ar/medias/sys_master/documents/hd5/he6/9486325612574/Informacion-tecnica-ASSET-DOC-LOC-5901000.pdf).

Anclaje ½" de Soporte N°3 (Soportes tipo Cuelga y Tecna)

El soporte HDI de 1/2" inoxidable utilizado para anclarlo a la estructura soporta una carga de 1840 Lb.

Figura 43

Anclaje expansivo HDI 1/2".

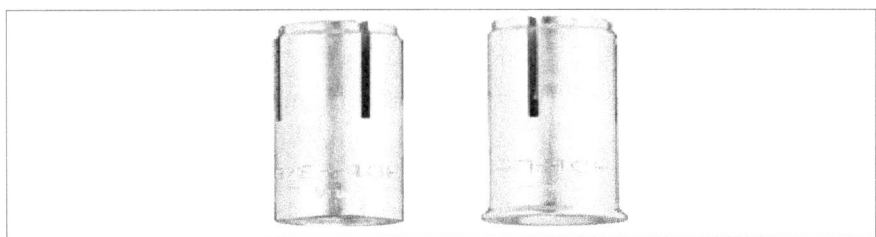

Nota. La imagen contiene Anclaje expansivo HDI 1/2".]. Tomado de "Manual técnico de anclaje, Ficha técnica HDI, HDI-L, HDI+ y HDI-L+" por HILTI 2019. (https://www.hilti.com.ar/medias/sys_master/documents/hd5/he6/9486325612574/Informacion-tecnica-ASSET-DOC-LOC-5901000.pdf).

Las especificaciones de carga máxima recomendada para el anclaje HDI 1/2" son las siguientes:

Tabla 56

Especificaciones de carga máxima recomendada para el anclaje HDI 1/2".

Diámetro nominal del anclaje	F´c = 4000 Psi			
	Tensión (lb)		Corte (lb)	
Pulg.	lb	(kN	lb	(kN)
1/4	480	(2.1)	600	(2.7)
3/8	1.040	(4.6)	1.230	(5.5)
1/2	1.840	(8.2)	2.760	(12.30)
5/8	2.630	(11.7)	4.510	(20.1)
3/4	3.830	(17,0)	5.580	(24.8)

Nota. La tabla contiene Especificaciones de carga máxima recomendada para el anclaje HDI 1/2". Tomado de "Manual técnico de anclaje, Ficha técnica HDI, HDI-L, HDI+ y HDI-L+" por HILTI 2019. (https://www.hilti.com.ar/medias/sys_master/documents/hd5/he6/9486325612574/Informacion-tecnica-ASSET-DOC-LOC-5901000.pdf).

Teniendo en cuenta la información anterior procedemos a calcular los parámetros de diseño, aceleraciones y fuerzas sísmicas conforme a NSR-10 y realizamos el chequeo ó verificación de los elementos de anclaje de los soportes de los elementos no estructurales en este caso redes hidro sanitarias como se describe a continuación en su respectivo cuadro de análisis.

GUÍA PARA SUPERVISIÓN TÉCNICA DE PROYECTOS DE CONSTRUCCIÓN

Tabla 57

Analisis y chequeo soporte N° 1.

DESCRIPCION	PARAMETROS										CHEQUEO SOPORTE 1		
	Aceleración en el punto de soporte del elemento, ax	Coeficiente de ampliación dinámica del ENE	Coeficiente de capacidad de disipación de energía Tablas A.9.5-1 y A.9.6.1	Aceleración debida a la gravedad: 9.81 m/s2	Masa del elemento no estructural	Coeficiente de aceleración horizontal pico efectiva para diseño dado en A.2.2.	Coeficiente de importancia dado en A.2.5.2	Fuerza Sísmica Horizontal sobre el ENE $F_p=((a_x \cdot a_p/R_p) \cdot g \cdot M_p)$		FUERZAS SÍSMICAS DE DISEÑO (A.9.4-1) $(A_a \cdot I)/2 \cdot g \cdot M_p$	CHEQUEO F_p ecuación (A.9.4-1) $F_p=((a_x \cdot a_p/R_p) \cdot g \cdot M_p) \geq ((A_a \cdot I)/2) \cdot g \cdot M_p$	CARGA Max. Kg CHAZO PLASTICO + TORNILLO Kg	ACEPTABILIDAD
	ax	ap	Rp	g (m/s2)	Mp (Kg/ml)	Aa	I	Fp (Kg)	Fp (Lb)				
LOSA PISO 2													
PVC SANITARIA 1 1/2"	0,298	2,5	1,5	9,8	2,09	0,25	1,1	10,17	22,4	2,82	CUMPLE	28,6	CUMPLE
PVC SANITARIA 2"	0,298	2,5	1,5	9,8	3,28	0,25	1,1	15,96	35,2	4,42	CUMPLE	28,6	CUMPLE
PVC SANITARIA 3"	0,298	2,5	1,5	9,8	4,64	0,25	1,1	22,58	49,8	6,25	CUMPLE	28,6	CUMPLE
PVC SANITARIA 4"	0,298	2,5	1,5	9,8	6,7	0,25	1,1	32,61	71,9	9,03	CUMPLE	28,6	NO CUMPLE
PVC SANITARIA 6"	0,298	2,5	1,5	9,8	10	0,25	1,1	48,67	107,3	13,48	CUMPLE	28,6	NO CUMPLE
LOSA PISO 3													
PVC SANITARIA 1 1/2"	0,336	2,5	1,5	9,8	2,09	0,25	1,1	11,47	25,3	2,82	CUMPLE	28,6	CUMPLE
PVC SANITARIA 2"	0,336	2,5	1,5	9,8	3,28	0,25	1,1	18,00	39,7	4,42	CUMPLE	28,6	CUMPLE
PVC SANITARIA 3"	0,336	2,5	1,5	9,8	4,64	0,25	1,1	25,46	56,1	6,25	CUMPLE	28,6	CUMPLE
PVC SANITARIA 4"	0,336	2,5	1,5	9,8	6,7	0,25	1,1	36,77	81,1	9,03	CUMPLE	28,6	NO CUMPLE
PVC SANITARIA 6"	0,336	2,5	1,5	9,8	10	0,25	1,1	54,88	121,0	13,48	CUMPLE	28,6	NO CUMPLE

Fuente. Elaboración propia.

GUÍA PARA SUPERVISIÓN TÉCNICA DE PROYECTOS DE CONSTRUCCIÓN

Tabla 58

Analisis y chequeo soporte N° 2.

					PARAMETROS						CHEQUEO SOPORTE 2		
DESCRIPCION	Aceleración en el punto de soporte del elemento, ax	Coeficiente de ampliación dinámica del ENE	Coeficiente de capacidad de disipación de energía Tablas A.9.5-1 y A.9.6.1	Aceleración debida a la gravedad: 9,81 m/s2	Masa del elemento no estructural	Coeficiente de aceleración horizontal pico efectiva para diseño dado en A.2.2.	Coeficiente de importancia dado en A.2.5.2	Fuerza Sísmica Horizontal sobre el ENE $Fp=[(ax*ap)/Rp]*g*Mp$		FUERZAS SÍSMICAS DE DISEÑO (A.9.4-1) $(Aa*I)/2 *g*Mp$	CHEQUEO Fp ecuación (A.9.4-1) $Fp=[(ax*ap)/Rp] *g* Mp \geq [(Aa*I)/2]*g*Mp$	CARGA Max. CONCRETO 4000 PSI ANCLAJE HDI 3/8" (Lb)	ACEPTABILIDAD
	ax	ap	Rp	g (m/s2)	Mp (Kg/ml)	Aa	I	Fp (Kg)	Fp (Lb)				
LOSA PISO 2													
PVC SANITARIA 1 1/2"	0,298	2,5	1,5	9,8	2,09	0,25	1,1	10,17	22,4		2,82 CUMPLE	1040,0	CUMPLE
PVC SANITARIA 2"	0,298	2,5	1,5	9,8	3,28	0,25	1,1	15,96	35,2		4,42 CUMPLE	1040,0	CUMPLE
PVC SANITARIA 3"	0,298	2,5	1,5	9,8	4,64	0,25	1,1	22,58	49,8		6,25 CUMPLE	1040,0	CUMPLE
PVC SANITARIA 4"	0,298	2,5	1,5	9,8	6,7	0,25	1,1	32,61	71,9		9,03 CUMPLE	1040,0	CUMPLE
PVC SANITARIA 6"	0,298	2,5	1,5	9,8	10	0,25	1,1	48,67	107,3		13,48 CUMPLE	1040,0	CUMPLE
LOSA PISO 3													
PVC SANITARIA 1 1/2"	0,336	2,5	1,5	9,8	2,09	0,25	1,1	11,47	25,3		2,82 CUMPLE	1040,0	CUMPLE
PVC SANITARIA 2"	0,336	2,5	1,5	9,8	3,28	0,25	1,1	18,00	39,7		4,42 CUMPLE	1040,0	CUMPLE
PVC SANITARIA 3"	0,336	2,5	1,5	9,8	4,64	0,25	1,1	25,46	56,1		6,25 CUMPLE	1040,0	CUMPLE
PVC SANITARIA 4"	0,336	2,5	1,5	9,8	6,7	0,25	1,1	36,77	81,1		9,03 CUMPLE	1040,0	CUMPLE
PVC SANITARIA 6"	0,336	2,5	1,5	9,8	10	0,25	1,1	54,88	121,0		13,48 CUMPLE	1040,0	CUMPLE

Fuente. Elaboración propia.

Tabla 59

Analisis y chequeo soporte N° 3.

DESCRIPCION	PARAMETROS								FUERZAS SÍSMICAS DE DISEÑO (A.9.4-1)	CHEQUEO Fp ecuación (A.9.4-1)	CHEQUEO SOPORTE 3	ACEPTABILIDAD
	Aceleración en el punto de soporte del elemento, ax	Coeficiente de ampliación dinámica del ENE	Coeficiente de capacidad de disipación de energía Tablas A.9.5-1 y A.9.6.1	Aceleración debida a la gravedad: 9.81 m/s2	Masa del elemento no estructural	Coeficiente de aceleración horizontal pico efectiva para diseño dado en A.2.2.	Coeficiente de importancia dado en A.2.5.2	Fuerza Sísmica Horizontal sobre el ENE Fp=[((ax*ap)/Rp)*g * Mp]			CARGA Max. CONCRETO 4000 PSI ANCLAJE HDI 1/2" (Lb)	
	ax	ap	Rp	g (m/s2)	Mp (Kg/ml)	Aa	I	Fp (Kg)	Fp (Lb)	(Aa*I)/2 *g*Mp	Fp=[((ax*ap)/Rp) *g* Mp] ≥ [((Aa*I)/2)*g*Mp]	
LOSA PISO 2												
PVC SANITARIA 1 1/2"	0,298	2,5	1,5	9,8	2,09	0,25	1,1	10,17	22,4	2,82	CUMPLE	1840,0	CUMPLE
PVC SANITARIA 2"	0,298	2,5	1,5	9,8	3,28	0,25	1,1	15,96	35,2	4,42	CUMPLE	1840,0	CUMPLE
PVC SANITARIA 3"	0,298	2,5	1,5	9,8	4,64	0,25	1,1	22,58	49,8	6,25	CUMPLE	1840,0	CUMPLE
PVC SANITARIA 4"	0,298	2,5	1,5	9,8	6,7	0,25	1,1	32,61	71,9	9,03	CUMPLE	1840,0	CUMPLE
PVC SANITARIA 6"	0,298	2,5	1,5	9,8	10	0,25	1,1	48,67	107,3	13,48	CUMPLE	1840,0	CUMPLE
LOSA PISO 3												
PVC SANITARIA 1 1/2"	0,336	2,5	1,5	9,8	2,09	0,25	1,1	11,47	25,3	2,82	CUMPLE	1840,0	CUMPLE
PVC SANITARIA 2"	0,336	2,5	1,5	9,8	3,28	0,25	1,1	18,00	39,7	4,42	CUMPLE	1840,0	CUMPLE
PVC SANITARIA 3"	0,336	2,5	1,5	9,8	4,64	0,25	1,1	25,46	56,1	6,25	CUMPLE	1840,0	CUMPLE
PVC SANITARIA 4"	0,336	2,5	1,5	9,8	6,7	0,25	1,1	36,77	81,1	9,03	CUMPLE	1840,0	CUMPLE
PVC SANITARIA 6"	0,336	2,5	1,5	9,8	10	0,25	1,1	54,88	121,0	13,48	CUMPLE	1840,0	CUMPLE

Fuente. Elaboración propia.

Revisando los resultados notamos que se está cumpliendo lo que solicita la Norma NSR10 en el ítem A.9.4.2

$$Fp \geq [((Aa * I)/2) * g * Mp]$$

Las losas del proyecto del ejemplo son elaboradas en concreto de 28 Mpa ó 4000 psi.

Conclusión Anclaje de Soporte N° 1

Los anclajes de chazo ó taco de nylon 3/8" más tornillo goloso los cuales tienen una capacidad de carga mayor a la presentada en las tuberías cumple para la instalación de las tuberías Sanitarias con diámetro desde 1 1/2" hasta 3", no cumple para la instalación de las tuberías Sanitarias con diámetro de 4" y 6" ó superior.

Conclusión Anclaje de Soporte N° 2

Los anclajes HDI 3/8" los cuales tienen una capacidad de carga mayor a la presentada en las tuberías cumple para la instalación de las tuberías Sanitarias con diámetro desde 1 1/2" hasta 6".

Conclusión Anclaje de Soporte N° 3

Los anclajes HDI 1/2" los cuales tienen una capacidad de carga mayor a la presentada en las tuberías cumple para la instalación de las tuberías Sanitarias con diámetro desde 1 1/2" hasta 6".

Ejemplo de la Realización: Control de Ejecución

Replanteo

En esta verificación de colocación de lo que está en planos, y, plasmarlos en el terreno, es de vital importancia la verificación de los dimensionamientos en situ, de acuerdo a planos; se verifica dimensionamientos de elementos al igual que de espacios entre ellos, localización, regularidad geométrica, según diseño; además de:

Estado de la Cimentación y su Conformidad con lo Demostrado en los Estudios Geológicos y de Ingeniería, Dimensiones Geométricas.

Figura 44

Ejecución de obra.

Nota. La imagen contiene proceso de replanteo de una obra de construcción. Tomado de "Replantear Los Diseños De Acuerdo Con Las Normas, Planos y Especificaciones" por Tecnología en Construcción 810503, 2014. (https://tecnologia-construccion-810503.blogspot.com/p/competencia-replantear-los-disenos-de.html)

Instalación de Obras Falsas y Encofrados de Formaletas, Beneficios Conforme a la Capacidad de Soportar las Cargas que se les Impone y la Seguridad que Brindan.

Figura 45

Formaletas.

Fuente. Elaboración propia.

Instalación de Aceros de Preesfuerzo y/o Refuerzo.

Para modo de ejemplo, en estos planos se encuentra la descripcion del tipo de refuerzo que lleva los muros tanto en sentido longitudinal y el tipo de refuerzo en sentido transversal al igual que especifica la ressistencia del concretoa utilizarce en cada uno de los pisos

Figura 46

Aceros de refuerzo.

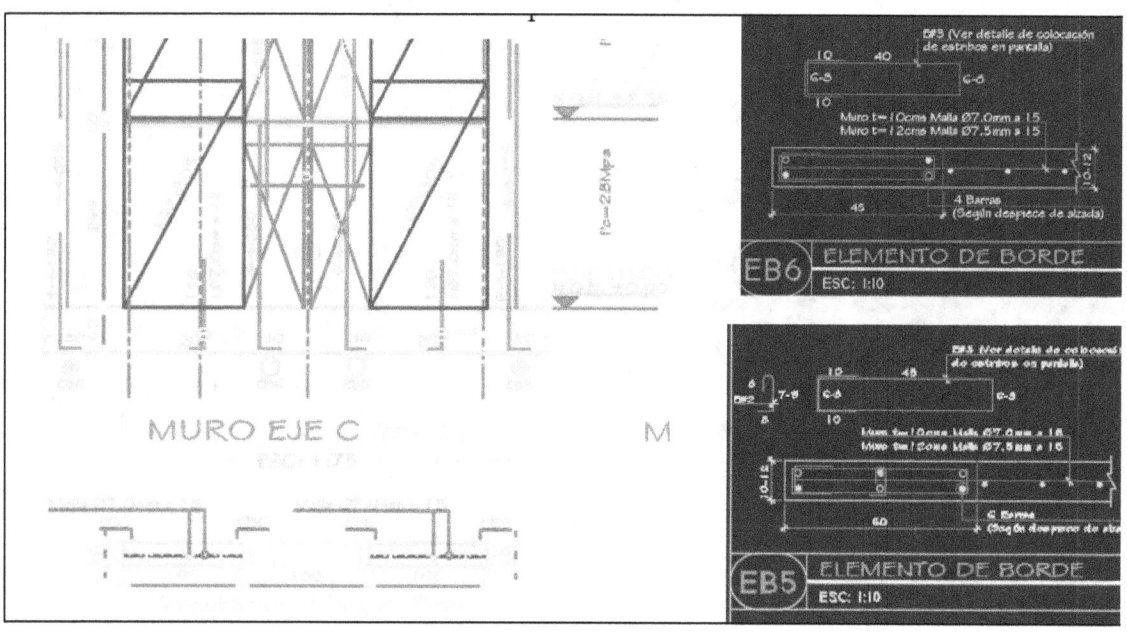

Fuente. Elaboración propia.

Mezclado, Transporte y Colocación del Concreto.

Al momento de llegada del "mixel" a la obra, se procede a la siguientes verificaciones que son realizadas por el laboratorista encompañia del maestro de obra y el supervisor tecnico de interventoria:

- verificacion de la remision en donde viene relacionado el tipo de concreto
- las pulgadas de acentamiento
- la resistencia, el tamaño maximo de grava
- la cantidad y la hora de despacho

Luego de verificar qu el concreto que llega es el indicado, se procede a realizar la prueba de slump con el fin de medir las pulgadas de acentamiento tal como lo muestra la imagen, en cumplimiento del cumpliendo con la norma NTC 396 para la toma de asentammiento del concreto.

En cumplimiento a la norma se tiene que el procedimiento inicia; muestreo: en obra se debe tomar muestra para la verificacion de asentamineto de diseño a todos los carros, tan pronto lleguen al proyecto, estas deben ser muestras compuestas tomadas de acuerdo a la NTC 454.

Figura 47

Descripción del procedimiento para medir asentamiento del concreto.

Fuente. Elaboración propia.

Una vez pasado el primer filtro, se procede a realizar dicho vaciado con la ayuda de una maquina bomba estacionaria en el tiempo adecuado tratando en lo maximo mejorar el tiempo de vaciado sin que este no supere los 45 - 60 minutos, una vez realizado el lleno se utiliza los vibradores electricos con el fin de sacar el aire que podria generarce en este lleno de elementos con concreto.

GUÍA PARA SUPERVISIÓN TÉCNICA DE PROYECTOS DE CONSTRUCCIÓN

Figura 48

Vaciado del concreto.

Fuente. Elaboración propia.

Levantamiento de Muros de Mampostería, sus Respectivos Aceros de Refuerzo, Morteros de Relleno ó Inyección (Grouting) y Morteros Pega.

Sea el caso de ser estructural o no estructural, se realiza ilustraciones que explican la alineación (o anclaje) de la pared al marco de hormigón armado, el cual la supervisión técnica deberá realizar las respectivas liberaciones de cada una de estas actividades según las normas planos y especificaciones.

En las siguientes imágenes se ilustra detalles de muros de recubrimiento de fachadas, muros divisorios de baños y elementos no estructurales.

Ver *Figura 49* a continuación:

Figura 49

Muro en mamposteria.

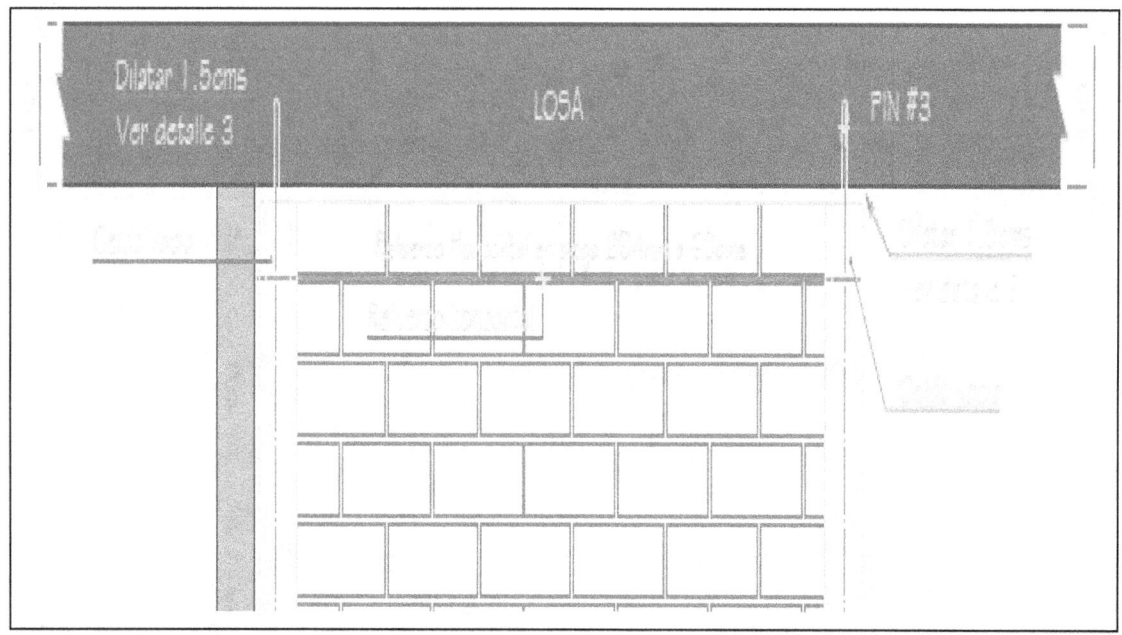

Fuente. Elaboración propia.

GUÍA PARA SUPERVISIÓN TÉCNICA DE PROYECTOS DE CONSTRUCCIÓN 163

Figura 50

Muro de fachada unico y muro de fachada doble.

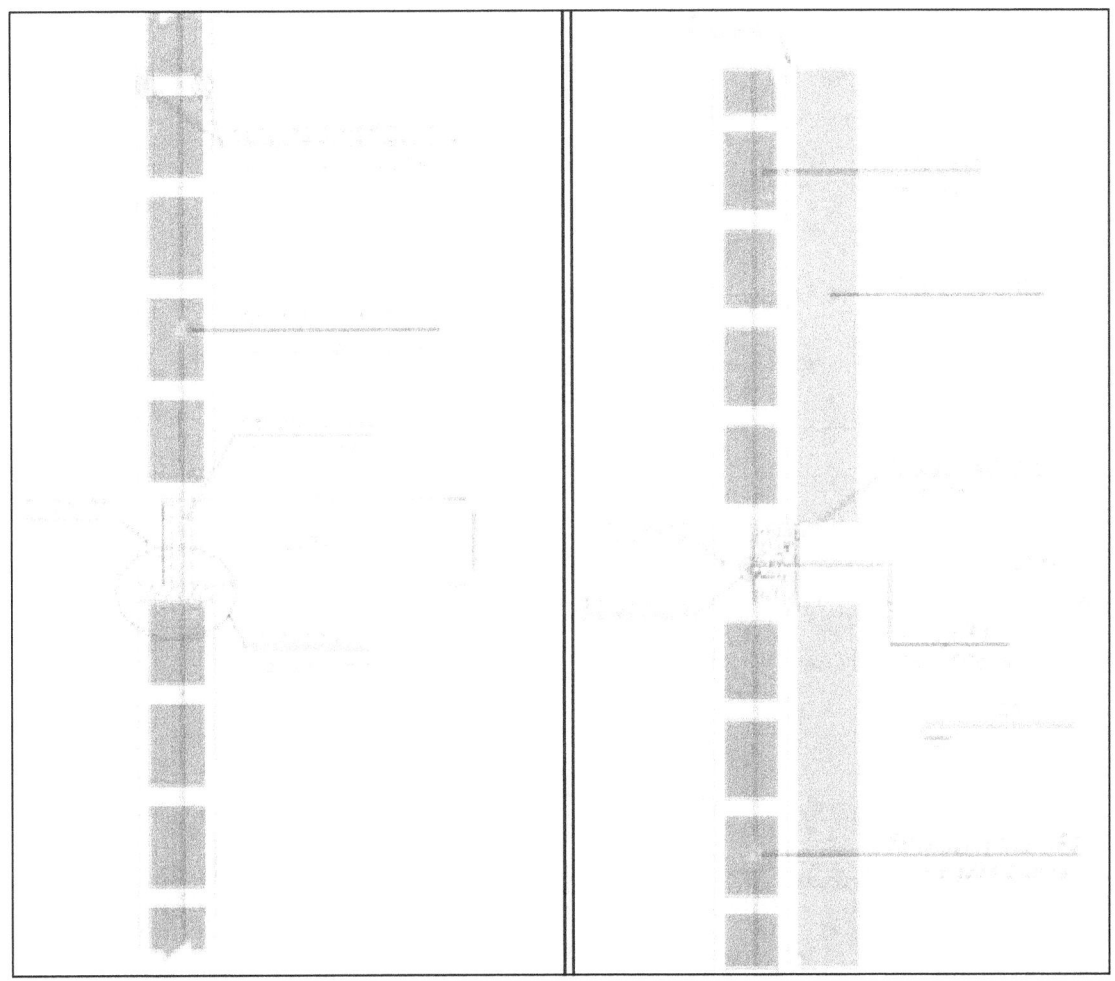

Fuente. Elaboración propia.

Figura 51

Detalle muro, junta de dilatación.

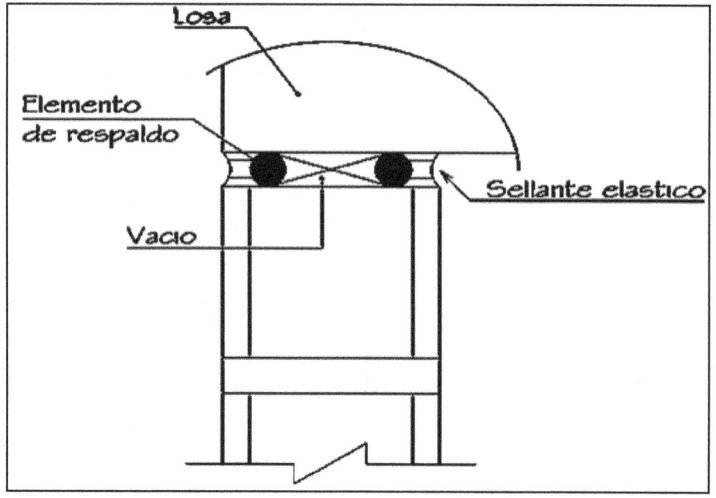

Fuente. Elaboración propia.

Figura 52

Detalles de los posibles diseños empleados para muros no estructurales.

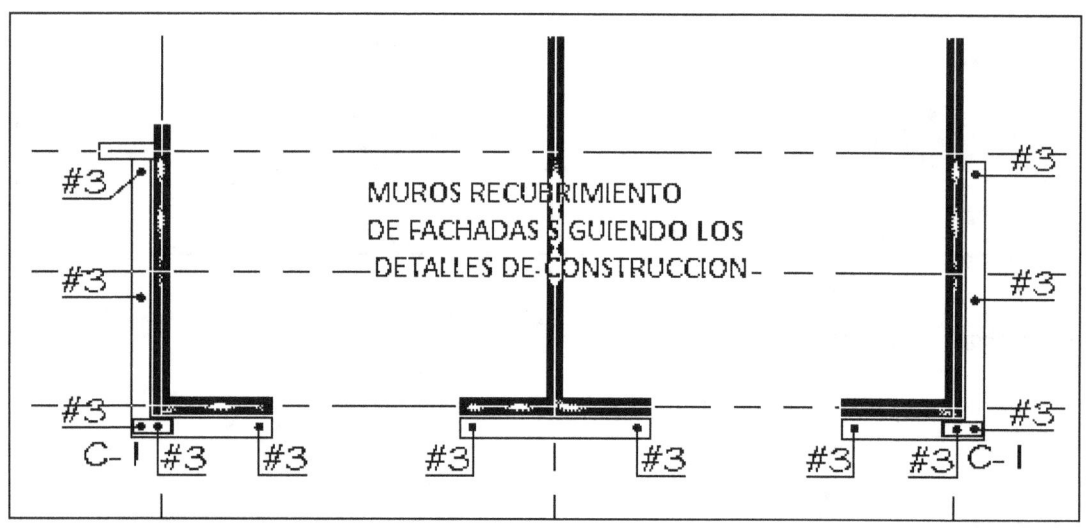

Fuente. Elaboración propia.

En general, cualquier cosa que lleve a la conclusión de que el trabajo se ha realizado de acuerdo con las normas, planos y las especificaciones técnicas.

Elementos Prefabricados.

Las Estructuras Metálicas, Incluyendo sus Soldaduras, Pernos y Anclajes.

La supervisión de estructuras debe valorar el tipo de conexiones que se están realizando en el proyecto con el fin de tener certeza de la buena práctica, garantizando la buena calidad de estas uniones y desde luego cumpliendo con la normatividad legal vigente en materia de construcción, arquitectura e ingeniería.

Figura 53

Aspectos en el control de calidad de soldaduras.

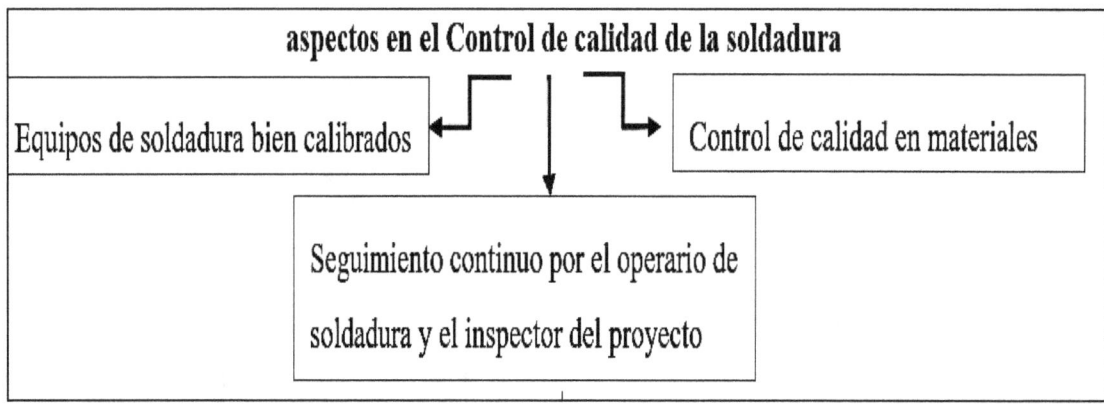

Fuente. Elaboración propia.

GUÍA PARA SUPERVISIÓN TÉCNICA DE PROYECTOS DE CONSTRUCCIÓN

Requerimientos y Especificaciones Técnicas que se Deben Tener en Cuenta según Códigos y Estándares de Referencia Bajo la NSR-10.

Figura 54

Requerimientos de especificaciones técnicas para soldaduras.

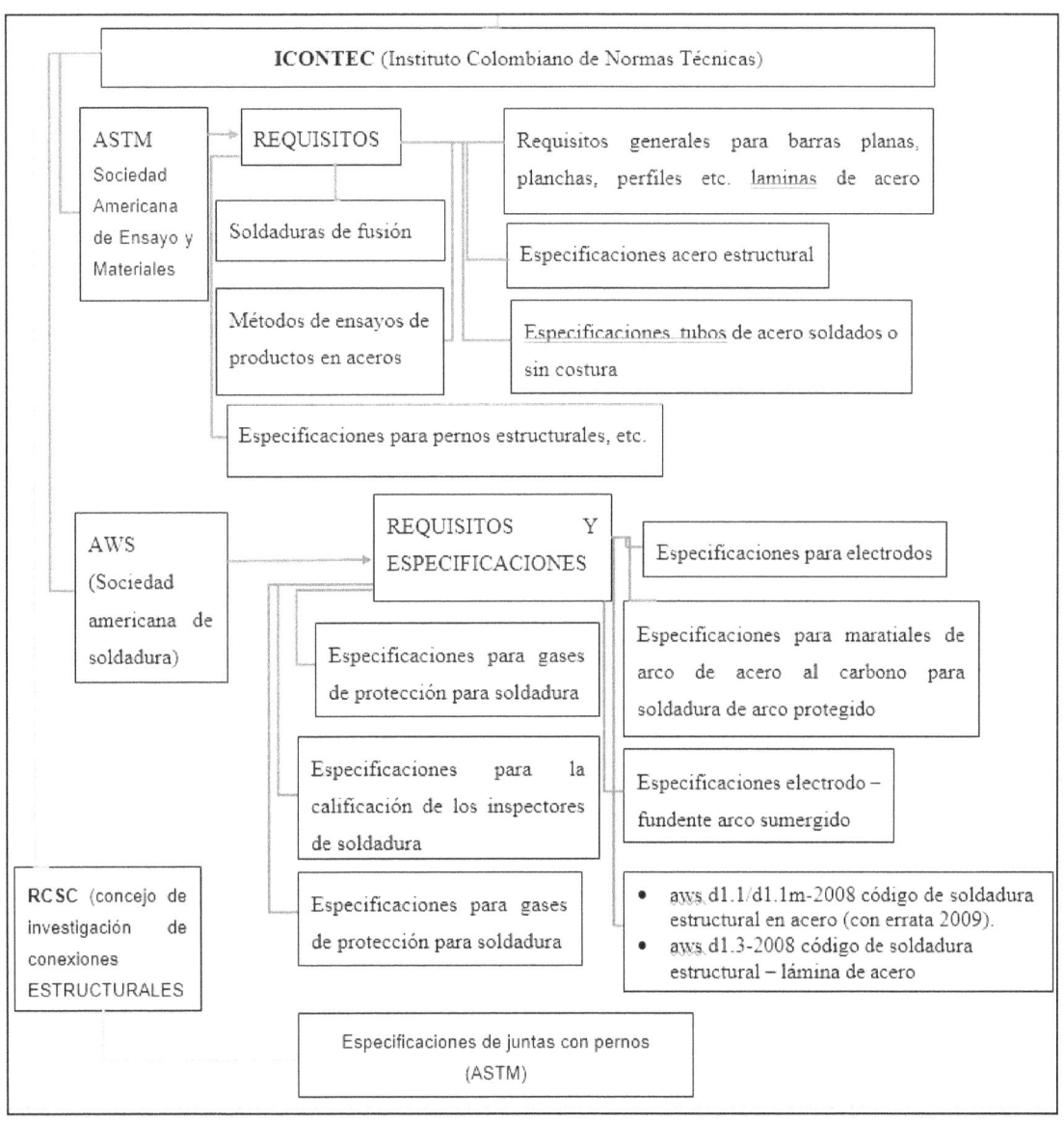

Fuente. Elaboración propia.

Capítulo 6 - Bitácora de Obra

Libro que forma parte del contrato, en este libro se hacen las anotaciones de las situaciones que se presentan en el transcurso de ejecución del proyecto, que resulte ser diferente a lo establecido en el contrato, los anexos técnicos de contratación.

A modo de ejemplo se anota lo siguiente: escasez de material para el desarrollo normal de las actividades en el cumplimiento del cronograma

Alzas imprevistas de materiales e insumos

Cambios necesarios en las especificaciones técnicas "con visto bueno del profesional capacitado y avalado para tal fin"

Condiciones climáticas que hacen que se generen atrasos en la ejecución de actividades, etc.

La bitácora para el supervisor es una herramienta que facilita el control y aportará para el control, permitiendo de esta manera que se mantenga controlado el avance de la obra y obtener siempre los resultados esperados; cabe anotar que esta bitácora hace parte de la documentación legal del proyecto y está vigente hasta que se finiquite el contrato.

Formato de las Bitácoras y Condiciones que Debe Cumplir

A. Las hojas originales deben estar foliadas

B. Se debe contar con un original y al menos dos copias, una para el contratista y otra para el contratante.

C. Las hojas copian deben ser desprendibles, mas, la original no

D. Debe existir una columna para anotar el numero de la nota y la fecha.

Anotación: 1. Antes de foliar las hojas de bitácora se deberá realizar un chequeo a las hojas para evitar errores de impresión.

2. en el caso de utilizar bitácora improvisada, deberá firmarse en cada una de las hojas por cada una de las partes (residente y supervisor) para proteger los asientos en las bitácoras

En caso de presentarse el conflicto en que las bitácoras son insuficientes, se deberá indicar en cada una de las hojas, justo antes del número, la leyenda correspondiente, ejemplo: libreta 2A", "libreta 3 A", etc.

Componentes y Reglas Importantes y Llevado de Bitácora de Obra

a. Apertura y cierre.

b. Seriado de notas.

c. Fechado.

d. Escritura (dichos asientos en la bitácora deben hacerse con tinta indeleble, no con maquina y no con tinta que se peda borrar y desde luego no se debe asentar con lápiz. La escritura siempre deberá ser legible y clara sin abreviaturas.

e. Errores: cuando se comentan errores se deberá anular la anotación y hacer la aclaración que dicha nota fue anulada por tener errores.

f. Tachaduras o enmendaduras: aplicara como errores.

g. Sobreposición o adiciones: no está permitido sobreponer o añadir notas a las notas de bitácoras; si hay necesidad de una adición se deberá hacer como anotación nueva.

h. Firmas: todos los representantes superiores de la obra (coordinador o jefe de supervisión, gerente de construcción para abrir y cerrar las bitácoras; las bitácoras estarán a cargo del supervisor y el residente responsable del contrato.

i. Inutilización de espacios sobrantes: una vez terminado el llenado de la bitácora, es indispensable cancelar todos los espacios sobrantes.

j. Retiro de copias: se recomienda siempre retirar las copias una vez se halla llenado cada una de las hojas, se deberá remitir a las oficinas centrales de las empresas responsables.

k. Validación: en la bitácora quedara asentado el medio por que se dará comunicación y quedara ahí asentada.

l. Seriedad.

m. Compromiso de uso de la bitácora de obra

n. Redacción: de vital importancia, ser claros en lo que se asienta.

o. Ortografía:

p. Cerrado de asientos en la bitácora de obra: se recomienda siempre cerrarlas a la brevedad posible.

q. Custodia de la libreta de bitácora: está bajo custodia del supervisor, disponible siempre para ambas partes

r. Bitácora unitaria por contrato: solo será permitida una sola libreta por contrato.

A continuación, se presente un formato ejemplo de bitácora:

Figura 55

Potada de Bitácora de Obra.

LOGOTIPO AQUÍ	\multicolumn{2}{c}{**BITÁCORA DE OBRA**}
	ESTRUCTURA	**FOLIO:** HOJA PORTADA

\multicolumn{4}{c}{**DATOS DE LA OBRA**}
PROYECTO:			
LOCALIZACIÓN:			
No. DE CONTRATO:			
OBJETO:			
FECHA DE INICIO:	PROGRAMADA:		REAL:
FECHA DE CONCLUSIÓN:	PROGRAMADA:		REAL:
\multicolumn{4}{c}{**DATOS DEL CONSTRUCTOR, CONTRATISTA Y SUPERVISOR TÉCNICO**}
CONSTRUCTORA:			
CONTRATISTA:			
INTERVENTORIA:			

\multicolumn{3}{c}{**RESPONSABLES EN LA OBRA**}
DE LA CONSTRUCTORA:	DEL CONTRATISTA:	DE LA SUPERVISIÓN TÉCNICA:
NOMBRE, CARGO Y FIRMA	NOMBRE, CARGO Y FIRMA	NOMBRE, CARGO Y FIRMA
\multicolumn{3}{c}{QUIENES MANIFIESTAN DE CONFORMIDAD, LLEVAR LA PRESENTE BITÁCORA POR UNANIMIDAD}

Fuente. Elaboración propia.

Figura 56

Hoja de anotaciones Bitácora de Obra.

ANOTACIONES			
No. DE CONTRATO:			
FOLIO:			
No. DE NOTA	FECHA	TIPO DE NOTA	NOTAS Y CROQUIS
REVISIÓN DE ANOTACIONES			

CONSTRUCTORA	CONTRATISTA	SUPERVISIÓN TÉCNICA
NOMBRE, CARGO Y FIRMA	NOMBRE, CARGO Y FIRMA	NOMBRE, CARGO Y FIRMA

Fuente. Elaboración propia.

Capítulo 7 - Certificado Técnico de Ocupación

Previo a la entrada en vigencia de la Ley 1796 de 2016 (conocida como Ley de Vivienda Segura), en el Título I de la Normativa de Construcción Sismo Resistente NSR-10 de Colombia se mencionaba que al culminar los trabajos de supervisión técnica independiente, el supervisor técnico debía emitir el certificado ó constancia anexada en la ultima pagina del titulo I como (Informe Final De Supervision Tecnica), en la cual se indicaba que el proyecto se realizó conforme al reglamento y la normatividad legal vigente, ver en *Referencia 12* del documento *ANEXO N° 2. Textos de Referencias Normativas*.

A manera de ejemplo se muestra a continuación la constancia de certificación de supervisión técnica citada anteriormente.

GUÍA PARA SUPERVISIÓN TÉCNICA DE PROYECTOS DE CONSTRUCCIÓN

Tabla 60

Ejemplo de informe final de supervisión técnica, para la certificación de un proyecto.

INFORME FINAL DE SUPERVISIÓN TÉCNICA

(NOMBRE DE LA OBRA)

Mediante esta comunicación, se certifica que la obra _____, ubicada en _____
Etapa _____, con licencia de construcción _____ fue sometida durante la construcción al proceso de supervisión técnica, especificada en el Título I de la NSR-10.

Por tal razón, se manifiesta que la construcción de la estructura y elementos no-estructurales se realizó de acuerdo al nivel de calidad requerido y especificado mediante los siguientes controles:

- *Control de planos*: Se constató la existencia de todos los planos necesarios para la construcción de cada elemento que constituye la estructura.

- *Control de especificaciones*: La construcción se llevo a cabo cumpliendo las especificaciones técnicas contenidas dentro de la Norma para cada uno de los materiales utilizados, además de las especificaciones particulares contenidas en los planos y las emanadas por los diseñadores.

- *Control de materiales*: Se verificó que los materiales utilizados para la construcción cumplieran con los requisitos generales y las normas técnicas de calidad que exigen las NSR-10. Además, se monitoreo constantemente los resultados obtenidos de los mismos.

- *Control de Calidad*: Se realizaron los ensayos a los materiales y productos terminados conforme a lo estipulado en los planos y en las NSR-10.

- *Control de la ejecución*: Se verificó que la obra se ha ejecutado de acuerdo a los planos, especificaciones y requisitos de construcción dados por las NSR-10.

- *Elementos no estructurales*: Se verificó que el grado de desempeño de los elementos no-estructurales sea acorde con el grupo de uso que va a tener la edificación y se conservo el criterio de diseño del diseñador de elementos no-estructurales.

Dado en la ciudad de _____, a los _____ (__) días del mes de _____ del año de ____.

_____   _____
Firma y N° Tarjeta Profesional   Firma y N° Tarjeta Profesional
Supervisor Técnico   Director de Obra

Nota. La tabla contiene informe final de supervisión técnica. Tomado de "Reglamento Colombiano de Construcción Sismo Resistente NSR-10, TITULO-I" por Asociación Colombiana de Ingeniería Sísmica (AIS), 2010. (https://www.redjurista.com/Documents/decreto_1400_de_1984_ministerio_de_obras_publicas.aspx#/)

Después de haber entrado en vigencia la ley 1796 de 2016 (conocida como la ley de vivienda segura) la constancia ó informe final de supervisión técnica queda obsoleto al dejar de mencionarse este y se incluye el termino Certificacion Técnica de Ocupación, ver en ***Referencia 13*** del documento ***ANEXO N° 2. Textos de Referencias Normativas.***

El certificado técnico de ocupación está definido en el decreto 945 de 2017 que modificó el Reglamento Colombiano de Construcción Sismo Resistente NSR -10 parcialmente, ver en ***Referencia 14*** del documento ***ANEXO N° 2. Textos de Referencias Normativas***.

En el título correspondiente a Supervisión Técnica del Reglamento Colombiano de Construcción Sismo Resistente NSR-10 después de la modificación parcial realizada por el Decreto 945 de 2017 el certificado técnico de quedó definido en la sección I.4.3.8, ver en ***Referencia 15*** del documento ***ANEXO N° 2. Textos de Referencias Normativas***.

Teniendo en cuenta las consideraciones anteriormente mencionadas a continuación se presenta en la ***Tabla 61*** a manera de ejemplo como debería quedar redactada la Certificación Técnica de Ocupación CTO:

GUÍA PARA SUPERVISIÓN TÉCNICA DE PROYECTOS DE CONSTRUCCIÓN

Tabla 61

Ejemplo de Certificación Técnica de Ocupación CTO del Supervisor Técnico Independiente.

CERTIFICACIÓN TÉCNICA DE OCUPACIÓN

a). DECLARACION JURAMENTADA POR PARTE DEL SUPERVISOR TÉCNICO INDEPENDIENTE

Yo **(NOMBRE DEL SUPERVISOR TECNICO INDEPENDIENTE)** identificado con Cedua de ciudadania N° **(XXXX)** de **(XXXX)** representante de la empresa **(NOMBRE DE LA EMPRESA)** Identificada con Nit: **(XXXX)**, declaro, bajo la gravedad de juramento, y como **Supervisor Técnico Independiente** certifico que la obra **(NOMBRE DE LA OBRA)** contó con una Supervisión Técnica Independiente y que la construcción de la cimentación, la estructura y los elementos no estructurales de la edificación se ejecutó de conformidad con los planos, diseños y especificaciones técnicas estructurales y geotécnicas exigidas por el Reglamento NSR-10 y aprobadas en la respectiva licencia de construcción. .

Conforme a esto, se manifiesta que la construcción de la estructura y elementos no-estructurales se realizó de acuerdo al nivel de calidad requerido y especificado mediante los siguientes controles:

CONTROL DE PLANOS: Se constató la existencia de todos los planos necesarios para la construcción de cada elemento que constituye la estructura.

CONTROL DE ESPECIFICACIONES: La construcción se llevo a cabo cumpliendo las especificaciones técnicas contenidas dentro de la Norma para cada uno de los materiales utilizados, además de las especificaciones particulares contenidas en los planos y las emanadas por los diseñadores.

CONTROL DE MATERIALES: Se verificó que los materiales utilizados para la construcción cumplieran con los requisitos generales y las normas técnicas de calidad que exige la NSR-10. Además, se monitoreo constantemente los resultados obtenidos de los mismos.

CONTROL DE CALIDAD Se realizaron los ensayos a los materiales y productos terminados conforme a lo estipulado en los planos y en la NSR-10.

CONTROL DE LA EJECUCIÓN: Se verificó que la obra se ha ejecutado de acuerdo a los planos, especificaciones y requisitos de construcción dados por la NSR-10.

ELEMENTOS NO ESTRUCTURALES: Se verificó que el grado de desempeño de los elementos no-estructurales sea acorde con el grupo de uso que va a tener la edificación y se conservo el criterio de diseño del diseñador de elementos no-estructurales.

b). RESPECTO AL SUPERVISOR TÉCNICO INDEPENDIENTE

NOMBRE y APELLIDO:	**(XXXX)**
FECHA Y LUGAR DE NACIMEINTO:	**(XXXX)**
CEDULA DE CIUDADANIA:	**(XXXX)**
PROFESION:	**(XXXX)**
MATRICULA PROFESIONAL No.:	**(XXXX)**
CONSEJO PROFESIONALI:	**(XXXX)**
DIRECCION PARA NOTIFICACIÓN:	**(XXXX)**
TELEFONO Y/Ó CELULAR:	**(XXXX)**
DIRECCION ELECTRÓNICA:	**(XXXX)**

c). RESPECTO AL PROYECTO OBJETO DE CERTIFICACIÓN:

PROYECTO: **(XXXX)**	NUMERO DE SOTANOS: **(XXXX)**
CONTRATO No.: **(XXXX)**	AREA DE CONSTRUCCIÓN: **(XXXX)**
OBJETO: **(XXXX)**	AREA TOTAL PRIVADA: **(XXXX)**
CONSTRUCTOR: **(XXXX)**	AREA TOTAL COMUNAL: **(XXXX)**
NOMBRE DEL PROPIETARIO: **(XXXX)**	NUMERO DE UNIDADES INDEPENDENTES DE VIVIENDA: **(XXXX)**
DIRECCION: **(XXXX)**	NUMERO DE UNIDADES PRIVADAS CON USO DIFERENTE A VIVIENDA : **(XXXX)**
MUNICIPIO Ó DISTRITO: **(XXXX)**	NUMERO DE PARQUEOS PRIVADOS : **(XXXX)**
AREA DEL LOTE: **(XXXX)**	NUMEROS DE PARQUEOS COMUNALES : **(XXXX)**
NUMERO DE PISOS: **(XXXX)**	NUMERO DE PARQUEOS DE VISITANTES : **(XXXX)**

Fuente. Elaboración propia.

GUÍA PARA SUPERVISIÓN TÉCNICA DE PROYECTOS DE CONSTRUCCIÓN 177

Continuación.

Tabla 61

Ejemplo de Certificación Técnica de Ocupación CTO del Supervisor Técnico Independiente.

d). RESPECTO A LA LICENCIA DE CONSTRUCCIÓN	
LICENCIA DE CONSTRUCCIÓN No. :	**(XXXX)**
FECHA DE EXPEDICIÓN :	**(XXXX)**
CURADURÍA, ENTIDAD MUNICIPAL O DISTRITAL QUE EXPIDE :	**(XXXX)**
MODIFICACIONES A LICENCIA:	**SI ( ) NO ( )**
OBJETO DE MODIFICACION DE LIENCIA:	**(XXXX)**
e). RESPECTO A LOS PROFESIONALES QUE SUSCRIBEN LA LICENCIA DE CONSTRUCCIÓN	
FIRMA	FIRMA
NOMBRE y APELLIDO: **(XXXX)**	NOMBRE y APELLIDO: **(XXXX)**
PROFESION: **(XXXX)**	PROFESION: **(XXXX)**
MATRICULA PROFESIONAL No.: **(XXXX)**	MATRICULA PROFESIONAL No.: **(XXXX)**
DISEÑADOR ARQUITECTONICO	**DISEÑADOR ESTRUCTURAL**
FIRMA	FIRMA
NOMBRE y APELLIDO: **(XXXX)**	NOMBRE y APELLIDO: **(XXXX)**
PROFESION: **(XXXX)**	PROFESION: **(XXXX)**
MATRICULA PROFESIONAL No.: **(XXXX)**	MATRICULA PROFESIONAL No.: **(XXXX)**
INGENIERO GEOTECNISTA	**DISEÑADOR SISMICO DE ELEMENTOS NO ESTRUCTURALES**
FIRMA	FIRMA
NOMBRE y APELLIDO: **(XXXX)**	NOMBRE y APELLIDO: **(XXXX)**
PROFESION: **(XXXX)**	PROFESION: **(XXXX)**
MATRICULA PROFESIONAL No.: **(XXXX)**	MATRICULA PROFESIONAL No.: **(XXXX)**
DIRECTOR DE LA CONSTRUCCIÓN	**SUPERVISOR TECNICO INDEPENDIENTE**
f). RESPECTO LOS PLANOS UTILIZADOS EN LA CONSTRUCCIÓN	
PLANOS ARQUITECTONICOS	
CANTIDAD:	**(XXXX)**
FECHA DE ELABORACION:	**(XXXX)**
AUTOR:	**(XXXX)**
LICENCIA DE CONSTRUCCION:	**(XXXX)**
OBSERVACIONES:	**(XXXX)**
PLANOS ESTRUCTURALES	
CANTIDAD:	**(XXXX)**
FECHA DE ELABORACION:	**(XXXX)**
AUTOR:	**(XXXX)**
LICENCIA DE CONSTRUCCION:	**(XXXX)**
OBSERVACIONES:	**(XXXX)**
ESTUDIO GEOTECNICO	
CANTIDAD:	**(XXXX)**
FECHA DE ELABORACION:	**(XXXX)**
AUTOR:	**(XXXX)**
LICENCIA DE CONSTRUCCION:	**(XXXX)**
OBSERVACIONES:	**(XXXX)**
DECLARACION DE FIRMA Y AUTORIZACION DE PLANOS RECORD:	
Yo **(NOMBRE DEL SUPERVISOR TECNICO)** identificado con documento de identidad N° **(XXXX)** de **(XXXX)** declaro mediante el presente que si revisé y autoricé con mi firma los planos finales de cimentación y estructura de la obra (planos récord), cuya cantidad, versión y nombre del respectivo diseñador, grado de desempeño, fecha de autorización se relacionan en el formato de registro de control de planos anexo a la presente Certificación Técnica de Ocupación CTO y licencia de construcción relacionada en la misma.	
OBSERVACIONES:	

Fuente. Elaboración propia.

GUÍA PARA SUPERVISIÓN TÉCNICA DE PROYECTOS DE CONSTRUCCIÓN

Continuación.

Tabla *61*

Ejemplo de Certificación Técnica de Ocupación CTO del Supervisor Técnico Independiente.

g). RESPECTO A LAS FECHAS DE INICIACIÓN Y TERMINACIÓN DE LA SUPERVISIÓN TÉCNICA INDEPENDIENTE SOBRE LA CIMENTACIÓN, ESTRUCTURA Y LOS ELEMENTOS NO ESTRUCTURALES	
ACTA DE INICIO ST CIMENTACION:	(FECHA INICIO: (dia/mes/año))
ACTA DE TERMINACIÓN ST CIMENTACION:	(FECHA TERMINACIÓN: (dia/mes/año))
ACTA DE INICIO ST ESTRUCTURA:	(FECHA INICIO: (dia/mes/año))
ACTA DE TERMINACIÓN ST ESTRUCTURA:	(FECHA TERMINACIÓN: (dia/mes/año))
ACTA DE INICIO ST ELEMENTOS NO ESTRUCTURALES:	(FECHA INICIO: (dia/mes/año))
ACTA DE TERMINACIÓN ST ELEMENTOS NO ESTRUCTURALES:	(FECHA TERMINACIÓN: (dia/mes/año))
h). ANEXOS	
1) Las actas de Supervisión Técnica Independiente suscritas por el Supervisor Técnico Independiente y el Director de Construcción.	
1.1. ACTA DE INICIO SUPERVISION TECNICA CIMENTACION	
1.2. ACTA DE INICIO SUPERVISION TECNICAESTRUCTURA	
1.3. ACTA DE INICIO SUPERVISION TECNICAELEMENTOS NO ESTRUCTURALES	
1.4. ACTA DE TERMINACION SUPERVISION TECNICA CIMENTACION	
1.5. ACTA DE TERMINACION SUPERVISION TECNICAESTRUCTURA	
1.6. ACTA DE TERMINACION SUPERVISION TECNICAELEMENTOS NO ESTRUCTURALES	
1.7. ACTAS DE COMITÉ DE OBRA SUPERVISION TECNICA	
2) Los planos finales de cimentación y estructura de la obra (planos record) suscritos por el Supervisor Técnico Independiente y el Director de Construcción.	
2.1. PLANOS AS BUILD ARQUITECTONICOS	
2.2. PLANOS AS BUILD ESTRUCTURALES	
2.3. PLANOS AS BUILD ELEMENTOS NO ESTRUCTURALES	
Para constancia se expide en la ciudad de **(XXXX)**, a los **(XX)** días del mes de **(XXXX)** del año de **(XXXX)**.	
FIRMA	
NOMBRE y APELLIDO: **(XXXX)**	
PROFESION: **(XXXX)**	
MATRICULA PROFESIONAL No.: **(XXXX)**	
SUPERVISOR TÉCNICO INDEPENDIENTE	

Fuente. Elaboración propia.

Capítulo 8 - Elaboración de Presupuesto para la Realización de la Supervisión Técnica

El procedimiento para establecer los honorarios mínimos y el alcance de las labores profesionales definidas en el artículo 42 de la Ley 400 de 1997 se establece en la resolución 0015 de 2015, estas labores se describen a continuación:

Tabla 62

Labores definidas en el artículo 42 de la Ley 400 de 1997.

LABORES PROFESIONALES DEFINIDAS EN EL ARTÍCULO 42 DE LA LEY 400 DE 1997
1. Diseño estructural.
2. Estudios geotécnicos.
3. Diseño de elementos no estructurales.
4. Revisión de los diseños y estudios.
5. Dirección de la construcción, y
6. Supervisión técnica de la construcción.

Fuente. Elaboración propia.

En este caso nos centraremos en la labor objeto de la presente guía la cual es la Supervisión Técnica Independiente.

El Grado de Complejidad

En la resolución 0015 de 2015 se establece una clasificación de las estructuras de acuerdo a su complejidad se define como (Grado de Complejidad) y se define en cinco grupos identificados desde Grupo A hasta Grupo E, donde el grupo A es el más complejo y el E el menos complejo.

A continuación, se presenta la clasificación de las estructuras en concordancia con el grado de complejidad en el diseño estructural y sus respectivos grupos:

Tabla 63

Clasificación de las estructuras de acuerdo con el grado de complejidad.

CLASIFICACION DE LAS ESTRUCTURAS DE ACUERDO CON EL GRADO DE COMPLEJIDAD EN EL DISEÑO ESTRUCTURAL	
Grado A	Cascarones y placas plegadas, bases y fundaciones de maquinaria, edificaciones con cuatro (4) o más sótanos o veinte (20) o más pisos sin contar los sótanos, diseño de rehabilitación de estructuras existentes incluyendo el análisis de vulnerabilidad.
Grado B	Coliseos, estadios, iglesias, teatros, centros comerciales, aeropuertos y helipuertos, estructuras industriales, edificaciones indispensables según el Reglamento NSR-10, edificaciones con tres (3) sótanos o entre quince (15) y diez y nueve (19) pisos sin contar los sótanos.
Grado C	Tanques (aéreos o enterrados), piscinas, estructuras de madera, edificaciones con dos (2) sótanos o entre diez (10) y catorce (14) pisos sin contar los sótanos.
Grado D	Estructuras metálicas de cubierta, estructuras con un (1) sótano o entre seis (6) pisos y nueve (9) pisos sin contar los sótanos, estudios de vulnerabilidad sin diseño de la rehabilitación.
Grado E	Edificaciones sin sótano o de cinco (5) o menos pisos sin contar los sótanos, viviendas de uno y dos pisos.

Fuente. Elaboración propia.

El grado de complejidad no afecta los honorarios de Supervisión Técnica de la construcción ya que se refleja en el costo del proyecto de construcción.

La Formulación del Costo

Conforme a lo definido en I.4.2.2 del Reglamento NSR-10 los honorarios Para Supervisión Técnica Continua tienen un costo equivalente al 1.25% (1 y 1/4 por ciento) del valor total del costo directo de la obra construcción a la cual se realizará la supervisión técnica.

Conforme a lo definido en I.4.2.3 del Reglamento NSR-10 los honorarios Para Supervisión Técnica Continua tienen un costo equivalente al 0.5% (1/2 del valor total del costo directo de la obra construcción a la cual se realizará la supervisión técnica.

Para la realización de la Supervisión Técnica Independiente de la construcción de elementos no estructurales ENE y estructura para ambos tipos de Supervisión Técnica Continua e Itinerante respecto a los diferentes grupos de grados de complejidad el valor por metro cuadrado de los honorarios es el indicado en la tabla siguiente.

Tabla 64

Honorario de Supervisión Técnica Continua e Itinerante de la construcción de la estructura y los elementos no estructurales según el grado de complejidad.

Clasificación según la complejidad	Honorario de Supervisión Técnica Continua por metro cuadrado	Honorario de Supervisión Técnica Itinerante por metro cuadrado
Grado A	$0.0125 \times SMMLV/m^2$	$0.0050 \times SMMLV/m^2$
Grado B	$0.0113 \times SMMLV/m^2$	$0.0045 \times SMMLV/m^2$
Grado C	$0.0100 \times SMMLV/m^2$	$0.0040 \times SMMLV/m^2$
Grado D	$0.0088 \times SMMLV/m^2$	$0.0035 \times SMMLV/m^2$
Grado E	$0.0075 \times SMMLV/m^2$	$0.0030 \times SMMLV/m^2$

Fuente. Elaboración propia.

La construcción de elementos no estructurales y estructura de complejidad Grado A tienen un valor por metro cuadrado respecto al costo directo que se asimila a un salario mínimo mensual legal vigente (1.0 SMMLV).

Administración, Imprevistos y Utilidad A.I.U

El AIU es un análisis que parte de estrategias para aclarar, cuantificar y valorizar ciertos problemas que hacen plantearnos 3 importantes interrogantes que surgen a la hora de realizar un presupuesto de obra ó supervisión técnica los cuales son los que se describen en la siguiente tabla:

Tabla 65

Características y Definición del A.I.U Administración, Imprevistos y Utilidad.

PREGUNTA	DEFINE	NOMBRE DEL COSTO
¿Cómo se hará la obra?	La estrategia de construcción y de administración	ADMINISTRACION
¿Cuánta información tengo sobre la obra?	El grado de incertidumbre que existe para presupuestar	IMPREVISTOS
¿Cuánto debe producirme la obra?	La utilidad o los honorarios del constructor	UTILIDAD

Fuente. Elaboración propia.

Como se puede observar en la tercera columna, las respuestas permiten definir A.I.U., un conjunto de costos derivados de la especificidad, experiencia y criterio del constructor, que reflejan percepciones y enfoques en materia de construcción y son los responsables últimos de determinar la ventaja real de un contratista sobre otros en la licitación.

Finalmente, la definición de los costos de Administración, Imprevistos y Utilidad es lo que se conoce como AIU.

La normatividad legal que menciona que se puede generar el IVA sobre el AIU son las que se definen en el ESTATUTO TRIBUTARIO, LIBRO TERCERO, TITULO IV, ARTÍCULO 462-1-BASE GRAVABLE ESPECIAL como sigue a continuación:

Empresas que prestan servicios integrales de vigilancia, de aseo y cafetería, con la debida autorización de la Superintendencia de Vigilancia Privada, y en los prestados por las cooperativas y precooperativas de trabajo asociado en cuanto a mano de obra se refiere, de servicios temporales prestados por empresas autorizadas por el Ministerio del Trabajo, estas empresas deben generar el IVA sobre el AIU, respecto al IVA el AIU no debe exceder el 10% del valor total del contrato del servicio prestado.

"La tarifa será del 19% en la parte correspondiente al AlU (Administración, Imprevistos y Utilidad), que no podrá ser inferior al diez por ciento (10%) del valor del contrato" (Decreto 624/89, marzo 30, 1989).

Para este tipo de casos, se ha determinado que se considerará como base para el cálculo del IVA el costo total de la AIU, que no podrá exceder al 10%.

Para los contratos de construcción, arquitectura e ingeniería se tiene en cuenta para el cálculo del AIU el DECRETO 1372 DEL AÑO 1992 el cual define en su ARTÍCULO 3, ver en *Referencia 16* del documento *ANEXO N° 2. Textos de Referencias Normativas*.

Si solo se pretende generar IVA sobre utilidad, lo único que le permitirá considerar un IVA deducible son los costos y gastos asociados con la utilidad, el IVA correspondiente a materiales quedará como un valor mayor respecto al costo de los materiales.

Esta normativa todavía es aplicable, según la cual, en los contratos de construcción de bienes raíces, el IVA se carga sobre los costos de utilidad (U) más no sobre la totalidad del AIU.

Referencias

Bobadilla, J. (2022). Guia para Supervisión Técnica de Estructuras de Concreto. Recuperado el 10 de Septiembre de 2022, de Asesorias Educativas: http://www.asesoriaseducativas.com/

Cerón, A. (2020). Sistema de Gestión. Archivo Digital de la Documentación Solicitada por la Supervisión Técnica. Cali, Valle del Cauca, Colombia.

Código Colombiano de Construcción Sismo Resistente [CCCSR84.]. (1984). (Colombia). Recuperado el 15 de 09 de 2022, de https://www.redjurista.com/Documents/decreto_1400_de_1984_ministerio_de_obras_publicas.aspx#/

Decreto 0945/17, junio 05. (2017). Ministerio De Vivienda, Ciudad Y Territorio. (Colombia). Recuperado el 15 de 09 de 2022, de https://minvivienda.gov.co/sites/default/files/normativa/0945%20-%202017.pdf

Decreto 1372/92, agosto 20. (1992). Ministerio De Hacienda Y Credito Público. (Colombia). Recuperado el 15 de 09 de 2022, de https://www.suin-juriscol.gov.co/viewDocument.asp?id=1275292#:~:text=Art%C3%ADculo%203%C2%B0Impuesto%20sobre,honorarios%20obtenidos%20por%20el%20constructor.

Decreto 624/89, marzo 30. (1989). Ministerio De Hacienda Y Crédito Público. (Colombia). Recuperado el 15 de 09 de 2022, de https://vlex.com.co/vid/estatuto-tributario-impuestos-administrados-57643735#section_62

Díaz, L. A. (2014). Tecnología en Construcción 810503. Recuperado el 08 de Diciembre de 2021, de https://tecnologia-construccion-810503.blogspot.com/p/competencia-replantear-los-disenos-de.html

Instituto Colombiano de Normas Tecnicas y Certificación (ICONTEC). (2020). Norma Técnica Colombiana NTC 2289. Bogotá D.C., Cundinamarca, Colombia: ICONTEC. Recuperado el 2022, de https://tienda.icontec.org/gp-barras-corrugadas-y-lisas-de-acero-de-baja-aleacion-para-refuerzo-de-concreto-ntc2289-2020.html

Instituto Nacional de Vias (INVIAS). (2013). Especificaciones Generales Para Construcción de Carreteras. Bogotá D.C., Cundinamarca, Colombia. Obtenido de https://www.invias.gov.co/index.php/informacion-institucional/139-documento-tecnicos/4570-especificaciones-generales-de-construccion-de-carreteras

Ley 1796/16, julio 13, 2016. Diario Oficial. [D.O.]: 49933. (s.f.). (Colombia). Recuperado el 13 de Septiembre de 2022, de http://www.secretariasenado.gov.co/senado/basedoc/ley_1796_2016.html

Mellado Aranzales, W. G. (2017). Evaluación a Distáncia Elementos No Estructurales. Bogotá D.C., Cundinamarca, Colombia: Universidad Santo Tomás. Recuperado el 2022

Muñoz Muñoz, H. A. (2015). Construcción, Interventoría y Supervisión Técnica de las Edificaciones de Concreto Estructural - Según el Reglamento Colombiano NSR-10. Bogotá D.C., Cundinamarca, Colombia: ASOCRETO.

Orjuela Daza, J. A. (2020). Aspectos Claves En La Supervisión Técnica De Edificaciones. Recuperado el 15 de 09 de 2022, de 360° En Concreto: https://360enconcreto.com/blog/detalle/aspectos-clave-en-la-supervision-tecnica-de-edificaciones/

Orjuela Daza, J. A. (2020). Manual Práctico Supervisión De Estructuras De Concreto. (O. J. Silva Rico, Ed.) Bogotá D.C., Cundinamarca, Colombia: Legis S.A. Recuperado el 2022, de PROCEMCO (CAMARA COLOMBIANA DEL CEMENTO Y EL CONCRETO): https://procem.co/actualizacion-tienda-virtual/

Pimentel Quintero, H. (2017). Cartilla Gestión Integral De Agregados (Primera Edición ed.). (O. J. Silva Rico, Ed.) Bogotá D.C., Cundinamarca, Colombia: Multi Impresos S.A.S. Recuperado el 2022, de https://procem.co/actualizacion-tienda-virtual/

Rafael, A. (2022). Academia Edu. Recuperado el 16 de Abril de 2022, de https://www.academia.edu/33357154/BIT%C3%81CORA_DE_OBRA

Reglamento Colombiano De Conctrucción Sismo Resistente [NSR-10.]. (2010). (Colombia). Recuperado el 15 de 09 de 2022, de https://asosismica.org.co/?product=reglamento-colombiano-de-construccion-sismo-resistente-nsr-10

Rincón Molina, A., & Méndez Zuñiga, W. (2022). Guia Para Supervisión Técnica De Proyectos De Construcción. Cali, Valle del Cauca, Colombia.

Universidad de la Laguna. (2012). Curso de Prácticas de Materiales de Construcción. San Cristóbal de La Laguna, Santa Cruz de Tenerife, España. Recuperado el 13 de Septiembre de 2022, de https://campusvirtual.ull.es/ocw/course/view.php?id=46

Acerca de los Autores

Andersson Rincón Molina, Tecnólogo en Construcción SENA (2013), Especialista en Supervisión para Obras Civiles SENA (2021), Profesional en Construcción en Arquitectura e Ingeniería Universidad Santo Tomas (2022), Inspector de Interventoría en la empresa Olano Ingeniería S.A.S (2016 - 2023), Veedor en Asociación Nacional de Constructores en Arquitectura e Ingeniería ANCAI (2022 - 2023).

Willington Méndez Zúñiga, Tecnólogo en Construcción SENA (2012), Especialista en Supervisión para Obras Civiles SENA (2016), Profesional en Construcción en Arquitectura e Ingeniería Universidad Santo Tomas (Actualmente). Inspector 1 de estructura en la empresa Jaramillo Mora (2018 - 2023).

Glosario de Términos

Los términos ó definiciones aplicables a la presente guía conforme lo indica la normatividad legal vigente en materia de Construcción, Arquitectura e Ingeniería, además de otros términos y definiciones relacionados se describen en el documento ***ANEXO N° 1. Glosario de Términos*** de la "Guía Para Supervisión Técnica De Proyectos De Construcción" (Rincón Molina & Méndez Zuñiga, 2022).

Anexos

- ANEXO N° 1. Glosario de Términos

- ANEXO N° 2. Textos de Referencias Normativas

- ANEXO N° 3. Formatos para Realización de Supervisión Técnica

Anexo N° 1 - Glosario de Términos

El presente anexo contiene un compendio de términos de utilidad para la realización de la supervisión técnica independiente.

Glosario de Términos

Los términos ó definiciones aplicables a la "Guía Para Supervisión Técnica De Proyectos De Construcción" (Rincón Molina & Méndez Zuñiga, 2022) se presentan a continuación:

Dichos términos y definiciones, transcriben los dados en la Ley 400 de 1997, la Ley 1229 de 2008, la Ley 1796 de 2016, el Decreto 945 de 2017 y además las que se dan en el Título A, Capítulo A.13 y Titulo I, Capitulo I.1, I.1.1 del Reglamento Colombiano de Construcción Sismo Resistente NSR-10.

Acabados o elementos no estructurales—Partes o componentes de una edificación que no pertenecen a la estructura o a su cimentación.

Certificado de permiso de ocupación—Es el acto, descrito en el Artículo 46 del Decreto 564 de 2006, mediante el cual la autoridad competente para ejercer el control urbano y posterior de obra, certifica mediante acta detallada el cabal cumplimiento de lo aprobado, según sea el caso:

a) Las obras construidas de conformidad con la licencia de construcción en la modalidad de obra nueva otorgada por el curador urbano o la autoridad municipal o distrital competente para expedir licencias.

b) Las obras de adecuación a las normas de sismoresistencia y/o a las normas urbanísticas y arquitectónicas contempladas en el acto de reconocimiento de la edificación, en los términos de que trata el Título II del decreto 564 de 2006 o el que lo complemente.

Control urbano—Actividad desarrollada por los alcaldes municipales o distritales, directamente o por conducto de sus agentes, encaminada a ejercer la vigilancia y control durante la ejecución de las obras, con el fin de asegurar el cumplimiento de las licencias urbanísticas y de las normas contenidas en el Plan de Ordenamiento Territorial.

Constructor—Es el profesional, ingeniero civil o arquitecto, o constructor en arquitectura e ingeniería, bajo cuya responsabilidad se adelanta la construcción de la edificación.

Desempeño de los elementos no estructurales—Se denomina desempeño el comportamiento de los elementos no estructurales de la edificación ante la ocurrencia de un sismo que la afecte.

Diseñador arquitectónico—Es el arquitecto bajo cuya responsabilidad se realizan el diseño y los planos arquitectónicos de la edificación y quien los firma o rotula.

Diseñador de los elementos no estructurales—Es el profesional, facultado para ese fin, bajo cuya responsabilidad se realizan el diseño y los planos de los elementos no estructurales de la edificación, y quien los firma o rotula.

Diseñador estructural—Es el ingeniero civil, facultado para este fin, bajo cuya responsabilidad se realiza el diseño y los planos estructurales de la edificación, y quien los firma o rotula.

Edificación—Es una construcción cuyo uso primordial es la habitación u ocupación por seres humanos.

Estructura—Es un ensamblaje de elementos, diseñado para soportar las cargas gravitacionales y resistir las fuerzas horizontales.

Grupo de uso—Clasificación de las edificaciones según su importancia para la atención y recuperación de las personas que habitan en una región que puede ser afectada por un sismo o cualquier tipo de desastre.

Ingeniero geotecnista—Es el ingeniero civil, quien firma el estudio geotécnico y, bajo cuya responsabilidad se realizan los estudios geotécnicos o de suelos, por medio de los cuales se fijan los parámetros de diseño de la cimentación, los efectos de amplificación de la onda sísmica causados por el tipo y estratificación del suelo subyacente a la edificación, y la definición de los parámetros del suelo que se deben utilizar en la evaluación de los efectos de interacción suelo-estructura.

Licencia de construcción—Es la autorización previa, expedida por el curador urbano o la autoridad municipal o distrital competente, para adelantar obras de construcción, ampliación, adecuación, reforzamiento estructural y modificación, en cumplimiento de las normas urbanísticas y de edificación adoptadas en el Plan de Ordenamiento Territorial, en los instrumentos que lo desarrollen o complementen y en las leyes y demás disposiciones que expida el Gobierno Nacional.

Titular de la licencia—Para efectos de este Reglamento, es la persona, natural o jurídica, titular de derechos reales principales, poseedor, propietario del derecho de dominio a título de fiducia y los fideicomitentes de las mismas fiducias, a nombre de la cual se expide la licencia de construcción.

Reconocimiento de la existencia de edificaciones—Es la actuación por medio del cual el curador urbano o la autoridad municipal o distrital competente para expedir licencias, declara la existencia de desarrollos arquitectónicos finalizados antes del 27 de junio de 2003 que no cuentan con licencia de construcción. Así mismo, por medio del acto de reconocimiento se establecerán, si es del caso, las obligaciones para la adecuación posterior de la edificación a las normas de sismorresistencia que les sean aplicables en los términos de la ley 400 de 1997 y a las normas urbanísticas y arquitectónicas que las autoridades municipales, distritales y en el departamento Archipiélago de San Andrés, Providencia y Santa Catalina. Establezcan para el efecto.

Supervisión técnica—Se entiende por Supervisión Técnica la verificación de la sujeción de la construcción de la estructura de la edificación a los planos, diseños y especificaciones realizadas por el diseñador estructural. Así mismo, que los elementos no estructurales se construyan siguiendo los planos, diseños y especificaciones realizadas por el diseñador de los elementos no estructurales, de acuerdo con el grado de desempeño sísmico requerido. La supervisión técnica puede ser realizada por el interventor, cuando a voluntad del propietario se contrate una interventoría de la construcción.

Supervisión técnica continua—Es aquella en la cual todas las labores de construcción se supervisan de una manera permanente.

Supervisión técnica itinerante—Es aquella en la cual el supervisor técnico visita la obra con la frecuencia necesaria para verificar que la construcción se está adelantando adecuadamente.

Supervisor técnico—El supervisor técnico es el profesional, ingeniero civil o arquitecto o constructor de ingeniería o arquitectura, bajo cuya responsabilidad se realiza la supervisión técnica. Parte de las labores de supervisión puede ser delegada por el supervisor en personal técnico auxiliar, el cual trabajará bajo su dirección y responsabilidad. La supervisión técnica puede ser realizada por el mismo profesional que realiza la interventoría. (Asociacion Colombiana De Ingeniería Sismica, 2010, pág. 5)

Referencias

Asociacion Colombiana De Ingeniería Sismica. (2010). *Reglamento Colombiano de Construcción Sismo Resistente NSR-10.* Bogotá D.C., Cundinamarca, Colombia. Recuperado el 2022, de https://asosismica.org.co/?product=reglamento-colombiano-de-construccion-sismo-resistente-nsr-10

Rincón Molina, A., & Méndez Zuñiga, W. (2022). *Guia Para Supervisión Técnica De Proyectos De Construcción.* Cali, Valle del Cauca, Colombia.

Anexo N° 2 - Textos de Referencias Normativas

El presente anexo contiene un compendio de referencias normativas de utilidad para la realización de la supervisión técnica independiente.

Referencia 01

ARTÍCULO A.1.6.2 – El supervisor técnico debe verificar la concordancia entre la construcción y los planos y especificaciones.

Calidad de los materiales, formaletas y obra falsa, colocación de las armaduras, mezclado, colocación y curado del concreto y en mampostería estructural los morteros, secuencia de erección de los elementos prefabricados, tensionamiento del pre-esforzado, cualquier carga significativa de construcción sobre las partes terminadas de la estructura, el avance general de la construcción de la estructura. (Código Colombiano de Construcción Sismo Resistente [CCCSR84.], 1984, pág. 4)

Referencia 02

Supervisión Técnica — Se entiende por Supervisión Técnica la verificación de la sujeción de la construcción de la estructura de la edificación a los planos, diseños y especificaciones realizadas por el diseñador estructural. Así mismo, que los elementos no estructurales se construyan siguiendo los planos, diseños y especificaciones realizadas por el diseñador de los elementos no estructurales, de acuerdo con el grado de desempeño sísmico requerido. (Reglamento Colombiano De Conctrucción Sismo Resistente [NSR-10.], 2010, pág. 6)

Referencia 03

El Reglamento NSR-10, hasta la fecha, ha tenido cuatro versiones con actualizaciones donde destacamos la tercera, cuya entrada en vigencia se dio en julio de 2017. En esta versión consideramos como más relevante lo correspondiente a la obligatoriedad de la Revisión del Diseño Estructural y la Supervisión Técnica para proyectos de más de 2.000 m2 de construcción; ambos aspectos, como ya lo habíamos mencionado, eran recomendados en las versiones anteriores del Reglamento, pero a partir de esta son de obligatorio cumplimiento.

Otro de los puntos a destacar de la Supervisión Técnica corresponde a la "Certificación Técnica de Ocupación" (CTO), que anteriormente llamábamos "Permiso de Ocupación" o "Permiso de Habitabilidad" y que debía ser emitido por las autoridades correspondientes en materia de construcción dentro de su competencia; actualmente la (CTO) se incluye dentro del alcance de la Supervisión Técnica, siendo el Supervisor Técnico quien a emite al finalizar las actividades de construcción de estructura y elementos no estructurales, también se fundamenta como requisito indispensable para la escrituración de las diferentes unidades habitacionales. (Orjuela Daza, Aspectos Claves En La Supervisión Técnica, 2020)

Referencia 04

- Aprobación de un programa de control de calidad de la cimentación, construcción de la estructura y elementos no estructurales de la edificación. Este programa de control de calidad debe ser propuesto por el constructor responsable que suscribe la licencia de construcción.

- Aprobación del laboratorio -o laboratorios- que realicen los ensayos de control de calidad de los materiales de la estructura.

- Realizar los controles exigidos por el Reglamento para los materiales estructurales empleados, y los indicados en I.2.4.

- Aprobación de los procedimientos constructivos propuestos por el constructor responsable.

- Exigir al diseñador estructural el complemento o corrección de los planos estructurales, cuando estos estén incompletos, indefinidos, o tengan omisiones o errores.

- Solicitar al ingeniero geotecnista las recomendaciones complementarias al estudio geotécnico cuando se encuentren situaciones no previstas en él.

- Mantener actualizado un registro escrito de todas las labores realizadas, de acuerdo con lo establecido en I.2.2.1.

- Velar en todo momento por la obtención de la mejor calidad de la obra de la estructura y los elementos no estructurales de la edificación

- Prevenir por escrito al constructor sobre posibles deficiencias en la mano de obra, equipos, procedimientos constructivos y materiales inadecuados y vigilar porque se tomen los correctivos necesarios.

- Exigir la suspensión de labores de construcción de la estructura cuando el constructor no cumpla o se niegue a cumplir con los planos, especificaciones y controles exigidos, informando, por escrito, al propietario y a la autoridad competente para ejercer control urbano y posterior de obra.

- Rechazar las partes de la cimentación, la estructura y los elementos no estructurales que no cumplan con los planos y especificaciones.

- Ordenar los estudios necesarios para evaluar la seguridad de la parte o partes afectadas y ordenar las medidas correctivas correspondientes, supervisando los trabajos de reparación.

- En caso de no ser posible la reparación, recomendar la demolición de la estructura al propietario y a la autoridad competente para ejercer control urbano y posterior de obra.

Expedir el Certificado Técnico de Ocupación, una vez concluidas la cimentación, la construcción de la estructura y los elementos no estructurales de la edificación, siempre y cuando se hayan cumplido los requisitos para el efecto. (Reglamento Colombiano De Conctrucción Sismo Resistente [NSR-10.], 2010, págs. 9-10)

Referencia 05

(a) Grado de definición (completos o incompletos)

(b) Definición de dimensiones, cotas y niveles,

(c) Consistencia entre las dimensiones, cotas y niveles,

(d) Consistencia entre las diferentes plantas, alzados, cortes, detalles y esquemas,

(e) Adecuada definición de las calidades de los materiales,

(f) Cargas de diseño debidamente estipuladas,

(g) En casos especiales, instrucciones sobre obra falsa, procedimientos de control de la colocación del concreto, procedimientos de descimbrado, colocación del concreto, aditivos, tolerancias dimensionales, niveles de tensionamiento,

(h) Coordinación de los planos arquitectónicos con los demás planos técnicos,

(i) Definición en los planos arquitectónicos del grado de desempeño de los elementos no estructurales, y

(j) En general, la existencia de todas las indicaciones necesarias para poder realizar la construcción de una forma adecuada con los planos del proyecto. (Reglamento Colombiano De Conctrucción Sismo Resistente [NSR-10.], 2010, págs. 19-20)

Referencia 06

Los controles que se deben realizar de las especificaciones técnicas:

(a) Especificaciones para la construcción de estructuras de concreto reforzado

(b) Especificaciones para la construcción y el montaje de estructuras metálicas

(c) Comentario a las Especificaciones para la construcción y el montaje de estructuras metálicas

(d) Control de calidad de materiales para concreto reforzado

(e) Control de calidad de materiales en estructuras de mampostería estructural.

(Reglamento Colombiano De Conctrucción Sismo Resistente [NSR-10.], 2010, pág. 20)

Referencia 07

C.3.5.10.1 — Deben tomarse y ensayarse muestras representativas de los aceros de refuerzo utilizados en la obra, con la frecuencia y alcance indicados en el Título I del Reglamento NSR-10.

Los ensayos deben realizarse de acuerdo con lo especificado en la norma NTC, de las enumeradas en C.3.8, correspondiente al tipo de acero.

C.3.5.10.2 — Los ensayos deben demostrar, inequívocamente, que el acero utilizado cumple la norma técnica NTC correspondiente y el laboratorio que realice los ensayos debe certificar la conformidad con ella. Copia de estos certificados de conformidad deben remitirse al Supervisor Técnico y al ingeniero diseñador estructural. (Reglamento Colombiano De Conctrucción Sismo Resistente [NSR-10.], 2010, págs. C-51)

Referencia 08

Punto de origen

Corresponde a la identificación de la planta del productor ó fabrica mediante símbolo ó letra.

Número de designación

Debe realizarse en números arábigos o alfanuméricos los cuales deben corresponder al número que tiene la barra de acero de refuerzo como designación.

Tipo de acero

La letra W significa que la barra fue producida bajo esta norma.

Designación de la fluencia mínima

Indicación del valor correspondiente a la resistencia mínima de fluencia mediante el número 60 (420) en el centro de una superficie de la barra, o por una línea continua longitudinal laminada que atraviesa por lo menos cinco (5) espacios.

Se debe permitir la sustitución de barras del Sistema internacional Grado 420 por su equivalente en inglés Grado 60. (Instituto Colombiano de Normas Tecnicas y Certificación (ICONTEC), 2020, pág. 10)

Referencia 09

En este tipo de diseño los elementos no estructurales se aíslan lateralmente de la estructura dejando una separación suficiente para que la estructura al deformarse como consecuencia del sismo no los afecte adversamente.

Los elementos no estructurales se apoyan en su parte inferior sobre la estructura, o se cuelgan de ella; por lo tanto deben ser capaces de resistir por si mismos las fuerzas inerciales que les impone el sismo, y sus anclajes a la estructura deben ser capaces de resistir y transferir a la estructura estas fuerzas inducidas por el sismo.

Además, la separación a la estructura de la edificación debe ser lo suficientemente amplia para garantizar que no entren en contacto, para los desplazamientos impuestos por el sismo de diseño. En el espacio resultante deberá evitarse colocar elementos que rigidicen la unión eliminando la flexibilidad requerida por el diseño. (Reglamento Colombiano De Conctrucción Sismo Resistente [NSR-10.], 2010)

Referencia 10

En este tipo de diseño se disponen elementos no estructurales que tocan la estructura y que por lo tanto deben ser lo suficientemente flexibles para poder resistir las deformaciones que la estructura les impone sin sufrir daño mayor que el que admite el grado de desempeño prefijado para los elementos no estructurales de la edificación.

En este tipo de diseño debe haber una coordinación con el ingeniero estructural, con el fin de que éste tome en cuenta el potencial efecto nocivo sobre la estructura que pueda tener la interacción entre elementos estructurales y no estructurales. (Reglamento Colombiano De Conctrucción Sismo Resistente [NSR-10.], 2010)

Referencia 11

A.2.5.1.1 Grupo IV: Edificaciones indispensables. Son aquellas edificaciones de atención a la comunidad que deben funcionar durante y después de un sismo, y cuya operación no puede ser trasladada rápidamente a un lugar alterno. Este grupo debe incluir:

a) Todas las edificaciones que componen Hospitales, Clínicas y Centros de Salud que dispongan de servicios de cirugía, salas de cuidados intensivos, salas de neonatos y/o atención de urgencias.

b) Todas las edificaciones que componen Aeropuertos, Estaciones Ferroviarias y de Sistemas masivos de transporte, Centrales Telefónicas, de Telecomunicación y de Radiodifusión.

c) Edificaciones designadas como Refugios para emergencias, Centrales de Aeronavegación, Hangares de aeronaves de servicios de emergencia.

d) Edificaciones de Centrales de Operación y Control de líneas vitales de energía eléctrica, Agua, Combustibles, Información y transporte de Personas y

Productos.

e) Edificaciones que contengan Explosivos, Tóxicos y Dañinos para el público.

f) En el grupo IV deben incluirse las estructuras que alberguen Plantas de Generación Eléctrica de emergencia, los Tanques y Estructuras que formen parte de sus Sistemas Contra Incendio y los accesos peatonales y vehiculares de las edificaciones tipificadas en los literales a,b,c,d y e del presente numeral.

A.2.5.1.2. Grupo III: Edificaciones de Atención a la Comunidad. Este grupo comprendeaquellas edificaciones, y sus accesos que son indispensables después de un temblorpara atender la emergencia y preservar la salud y la seguridad de las personas, exceptuando las incluidas en el grupo IV. Ester grupo debe incluir:

a) Estaciones de Bomberos, Defensa Civil, Policía, Cuarteles de las Fuerzas Armadas y sedes de las Oficinas de Prevención y Atención de Desastres.

b) Garajes de Vehículos de Emergencia.

c) Estructuras y Equipos de Centros de Atención de Emergencia

d) Guarderías, Escuelas, Colegios, Universidades y otros Centros de Enseñanza.

e) Aquellas del Grupo II para las que el propietario desee contar con seguridad adicional.

f) Aquellas otras que la Administración Municipal, Distrital, Departamental o Nacional designe como tales.

A.2.5.1.3 Grupo II: Estructuras de Ocupación Especial.

Cubre las siguientesestructuras:

a) Edificaciones en donde se puedan reunir más de 200 personas en un mismo salón.

b) Graderías al Aire Libre donde pueda haber más de 200 personas a la vez

c) Almacenes y Centros Comerciales con más de 500 m2 por piso.

d) Edificaciones de Hospitales, Clínicas y Centros de Salud no cubiertas en A.2.5.1.1.

e) Edificaciones donde trabajen o residan más de 3000 personas

f) Edificaciones Gubernamentales.

A.2.5.1.4 Grupo I: Estructuras de Ocupación Normal. Todas las edificaciones cubiertas por el alcance de la NSR 10, pero que no se han incluido en los Grupos II, III y IV. (Reglamento Colombiano De Conctrucción Sismo Resistente [NSR-10.], 2010)

Referencia 12

El registro escrito de las labores realizadas debe incluir una memoria descriptiva de los controles realizados, que conste como mínimo de lo siguiente: nombre del constructor, supervisor técnico, procedencia de los materiales, planta de producción, listado de las Normas Técnicas empleadas (NTC) para la elaboración de los ensayos, ensayos realizados, laboratorios utilizados, análisis de los resultados, grado de desempeño de los elementos no-estructurales, control de modificaciones de planos realizadas durante el proceso constructivo, registro fotográfico y constancia expedida por el supervisor técnico que certifique que la construcción se realizó de acuerdo con el Reglamento. (Reglamento Colombiano De Conctrucción Sismo Resistente [NSR-10.], 2010, pág. 24)

Referencia 13

ARTÍCULO 6°. Certificación técnica de ocupación. Una vez concluidas las obras aprobadas en la respectiva licencia de construcción y previamente a la ocupación de nuevas edificaciones, el supervisor técnico Independiente deberá expedir bajo la gravedad de juramento la certificación técnica de ocupación de la respectiva obra, en el cual se certificará que la obra contó con la supervisión correspondiente y que la edificación se ejecutó de conformidad con los planos, diseños y especificaciones técnicas, estructurales y geotécnicas exigidas por el Reglamento Colombiano de Construcciones Sismorresistentes y aprobadas en la respectiva licencia.

A la certificación técnica de ocupación se anexarán las actas de supervisión, las cuales no requerirán de protocolización. La certificación técnica de ocupación deberá protocolizarse mediante escritura pública otorgada por el enajenador del predio la cual se inscribirá en el folio de matrícula inmobiliaria del predio o predios sobre los cuales se desarrolla la edificación, así como en los folios de matrícula inmobiliaria de las unidades privadas resultantes de los proyectos que se sometan al régimen de propiedad horizontal o instrumento que permita generar nuevas unidades de vivienda.

En los proyectos de construcción por etapas de que trata la Ley 675 de 2001, para cada una de las nuevas edificaciones se deberá proceder de la manera prevista en este artículo.

Copia de las actas de la supervisión técnica independiente que se expidan durante el desarrollo de la obra, así como la certificación técnica de ocupación serán remitidas a las autoridades encargadas de ejercer el control urbano en el municipio o distrito y serán de público conocimiento. (Ley De Vivienda Segura, pág. 4)

Referencia 14
Certificado técnico de ocupación — Es el acto, descrito en el artículo 6 de la Ley 1796 de 2016, mediante el cual el Supervisor Técnico Independiente, certifica bajo la gravedad de juramento que la obra contó con la supervisión técnica de la cimentación, construcción de la estructura y elementos no estructurales de la edificación y se ejecutó de conformidad con los planos, diseños y especificaciones técnicas, estructurales y geotécnicas exigidas por el Reglamento Colombiano de Construcciones Sismo Resistentes vigente y aprobadas en la respectiva licencia. La

certificación técnica de ocupación deberá protocolizarse mediante escritura pública.

Las actas de supervisión no requerirán de protocolización, pero deberán ser conservadas por el supervisor técnico independiente. (Véase la sección I.2.1.2 del presente Reglamento NSR-10.). (Decreto 0945/17, junio 05, 2017, pág. 18)

Referencia 15

CERTIFICACIÓN TÉCNICA DE OCUPACIÓN — De acuerdo con el artículo 6 de la Ley 1796 de 2016, una vez concluidas las obras de construcción de la cimentación, la estructura y los elementos no estructurales de la edificación aprobadas en la respectiva licencia de construcción y previamente a la ocupación de las nuevas edificaciones, el supervisor técnico independiente debe expedir bajo la gravedad de juramento la Certificación Técnica de Ocupación de la respectiva obra, de acuerdo con los siguientes requisitos:

Contenido mínimo de la Certificación Técnica de Ocupación — La Certificación Técnica de Ocupación, debe contener como mínimo lo siguiente:

(a) Declaración juramentada por parte del Supervisor Técnico Independiente — En esta declaración, bajo la gravedad de juramento, el Supervisor Técnico Independiente certifica que la obra contó con una Supervisión Técnica Independiente y que la construcción de la cimentación, la estructura y los elementos no estructurales de la edificación se ejecutó de conformidad con los planos, diseños y especificaciones técnicas estructurales y geotécnicas exigidas por el Reglamento NSR-10 y aprobadas en la respectiva licencia de construcción. (Véase la sección I.2.1.2 del presente Reglamento NSR-10)

(b) Respecto al Supervisor Técnico Independiente — Nombre y apellido, fecha y lugar de nacimiento, cédula de ciudadanía, profesión, número de la matrícula profesional y consejo profesional que la expidió, dirección para notificaciones, teléfono, teléfono celular y dirección electrónica.

(c) Respecto al proyecto objeto de la certificación — Nombre del propietario, nombre del proyecto, dirección, municipio o distrito donde está localizado, área del lote de terreno, número de pisos, número de sótanos, área de construcción, área total privada, área total comunal, número de unidades independientes de vivienda, número de unidades privadas con uso diferente a vivienda, número de parqueos privados, número de parqueos comunales y de visitantes.

(d) Respecto a la licencia o licencias de construcción — Número y fecha de expedición de la licencia de construcción y curaduría o entidad municipal o distrital que la expidió. Si hubo modificaciones a la licencia de construcción debe relacionarse la misma información para cada una de ellas acompañada con una descripción somera de lo modificado.

(e) Respecto a los profesionales responsables que suscriben la licencia de construcción — Se debe dar el nombre completo, profesión, y número de matrícula profesional del diseñador arquitectónico, el diseñador estructural, el ingeniero geotecnista, el diseñador sísmico de los elementos no estructurales si es diferente del diseñador arquitectónico, y del director de la construcción.

(f) Respecto a los planos utilizados en la construcción — Se deben relacionar los planos arquitectónicos, estructurales, y el estudio geotécnico, indicando la cantidad de planos, fecha de elaboración y autor, y la licencia de construcción bajo la cual fueron aprobados. Si hubo modificaciones que afectaron la cimentación y estructura, se debe indicar la licencia de construcción que autorizó las modificaciones y los cambios efectuados.

(El Supervisor Técnico Independiente debe declarar si revisó y autorizó con su firma los planos finales de cimentación y estructura de la obra (planos récord), indicando la cantidad, fecha de autorización y licencia de construcción bajo la cual las modificaciones fueron autorizadas por el curador urbano o autoridad municipal o distrital encargada de la expedición de licencias.

(g) Respecto a las fechas de iniciación y terminación de la Supervisión Técnica Independiente sobre la cimentación, estructura y los elementos no estructurales — Debe indicarse la fecha de iniciación y terminación de la obra de construcción de la cimentación, la estructura y los elementos no estructurales. Igualmente se debe indicar cuantas actas de Supervisión de Obra se suscribieron y la fecha del acta de iniciación y del acta de terminación. (Véase la sección I.2.1.2 del presente Reglamento NSR-10)

(h) Anexos — Los siguientes anexos deben acompañar la Certificación Técnica de Ocupación, pero no serán objeto de protocolización:

1) Las actas de Supervisión Técnica Independiente suscritas por el Supervisor Técnico Independiente y el Director de Construcción.

2) Los planos finales de cimentación y estructura de la obra (planos record)

suscritos por el Supervisor Técnico Independiente y el Director de Construcción. (Reglamento Colombiano De Conctrucción Sismo Resistente [NSR-10.], 2010, pág. 24)

Referencia 16

En los contratos de construcción de bien inmueble, el impuesto sobre las ventas se genera sobre la parte de los ingresos correspondiente a los honorarios obtenidos por el constructor.

Cuando no se pacten honorarios el impuesto se causará sobre la remuneración del servicio que corresponda a la utilidad del constructor.

Para estos efectos, en el respectivo contrato se señalará la parte correspondiente a los honorarios o utilidad, la cual en ningún caso podrá ser inferior a la que comercialmente corresponda a contratos iguales o similares.

En estos eventos, el responsable sólo podrá solicitar impuestos descontables por los gastos directamente relacionados con los honorarios percibidos o la utilidad obtenida, que constituyeron la base gravable del impuesto; en consecuencia, en ningún caso dará derecho a descuento el impuesto sobre las ventas cancelado por los costos y gastos necesarios para la construcción del bien inmueble. (Decreto 1372/92, agosto 20, 1992)

Referencias

Código Colombiano de Construcción Sismo Resistente [CCCSR84.]. (1984). (Colombia). Recuperado el 15 de 09 de 2022, de https://www.redjurista.com/Documents/decreto_1400_de_1984_ministerio_de_obras_publicas.aspx#/

Decreto 0945/17, junio 05. (2017). Ministerio De Vivienda, Ciudad Y Territorio. (Colombia). Recuperado el 15 de 09 de 2022, de https://minvivienda.gov.co/sites/default/files/normativa/0945%20-%202017.pdf

Decreto 1372/92, agosto 20. (1992). Ministerio De Hacienda Y Credito Público. (Colombia). Recuperado el 15 de 09 de 2022, de https://www.suin-juriscol.gov.co/viewDocument.asp?id=1275292#:~:text=Art%C3%ADculo%203%C2%B0Impuesto%20sobre,honorarios%20obtenidos%20por%20el%20constructor.

Instituto Colombiano de Normas Tecnicas y Certificación (ICONTEC). (2020). Norma Técnica Colombiana NTC 2289. Bogotá D.C., Cundinamarca, Colombia: ICONTEC. Recuperado el 2022, de https://tienda.icontec.org/gp-barras-corrugadas-y-lisas-de-acero-de-baja-aleacion-para-refuerzo-de-concreto-ntc2289-2020.html

Ley 1796/16, julio 13, 2016. Diario Oficial. [D.O.]: 49933. (s.f.). (Colombia). Recuperado el 13 de Septiembre de 2022, de http://www.secretariasenado.gov.co/senado/basedoc/ley_1796_2016.html

Orjuela Daza, J. A. (2020). *Aspectos Claves En La Supervisión Técnica De Edificaciones*. Recuperado el 15 de 09 de 2022, de 360° En Concreto: https://360enconcreto.com/blog/detalle/aspectos-clave-en-la-supervision-tecnica-de-edificaciones/

Reglamento Colombiano De Conctrucción Sismo Resistente [NSR-10.]. (2010). (Colombia). Recuperado el 15 de 09 de 2022, de https://asosismica.org.co/?product=reglamento-colombiano-de-construccion-sismo-resistente-nsr-10

ANEXO N° 3. Formatos Para Realización De Supervisión Técnica

El presente anexo contiene un compendio de formatos de utilidad para la realización de la supervisión técnica independiente.

GUÍA PARA SUPERVISIÓN TÉCNICA DE PROYECTOS DE CONSTRUCCIÓN

Tabla de Formatos Para Realización De Supervisión Técnica

ANEXO N° 3. Formatos Para Realización De Supervisión Técnica 1

Formato 1 Plan de supervisión técnica. 4

Formato 2 Formato para control de planos y registro. 5

Formato 3 Formato para verificación de criterios para control de planos. 6

Formato 4 Formato para revisión y control de especificaciones técnicas. 7

Formato 5 Formato de especificación técnica. 8

Formato 6 Formato plan de control de calidad de una obra de construcción. 9

Formato 7 Formato para registro, análisis y aceptación de los resultados de la muestra de concreto. 10

Formato 8 Formato para el control de calidad del Acero de Refuerzo Corrugado. 11

Formato 9 Formato para el control de calidad de las Mallas. 17

Formato 10 Formato de control de calidad Composición Química del acero de refuerzo. 18

Formato 11 Formato para análisis de resultados material de relleno tipo suelos adecuados, Roca Muerta. 19

Formato 12 Formato determinación franjas granulométricas material granular tipo SBG y BG. 21

Formato 13 Formato para análisis de resultados material de relleno tipo SBG - BG, Sub Base Granular, Base Granular. 22

Formato 14 Formato para análisis de anclajes de soportes elementos no estructurales. 24

Formato 15 Formato para Bitácora de Obra. 25

Formato 16 Formato de Certificación Técnica de Ocupación CTO del Supervisor Técnico

Independiente. 27

GUÍA PARA SUPERVISIÓN TÉCNICA DE PROYECTOS DE CONSTRUCCIÓN

Formato 1

Plan de supervisión técnica.

PLAN DE SUPERVISIÓN TÉCNICA							
PROYECTO:		(NOMBRE DEL PROYECTO)				
			ESTADO				
No.	**DESCRIPCIÓN**	**FECHA**	**PEND.**	**EN PROC.**	**RECIB.**	**OBSERVACIONES**
1	Especificaciones de construcción y sus adendas.					
2	Planos estructurales y registro de todos los conceptos sobre consultas emitidas durante el proyecto por el ingeniero calculista y/o el geotecnista.					
3	Estudio de suelos.					
4	Diseño de estructuras metálicas.					
5	Diseño de estructuras de madera.					
6	Diseño de ventanas y barandas.					
7	Diseño de mampostería.					
8	Diseño de muros divisorios.					
9	Diseño de cimbras y encofrados.					
10	Plan de control de calidad.					
11	Diseños de mezclas.					
12	Ensayos de resistencia a compresión del concreto.					
13	Resultados de densidades de rellenos.					
14	Laboratorio (Certificados de acreditación, calibración, etc.).					
15	Topografía					
16	Ensayos de tracción del acero					
17	Registros de liberaciones debidamente diligenciados y firmados por las partes.					
18	Ensayos de compresión del mortero de pega					
19	Ensayos de compresión del mortero de relleno (grouting)					
20	Ensayos de compresión del mortero de relleno					
21	Resistencia a la compresión de unidades de mampostería					
22	Resistencia a la compresión de muretes llenos					
23	Resistencia a la compresión de muretes vacíos					
24	Ensayos de calidad de anclajes.					
25	Ensayos de absorción de unidades de mampostería, etc.					
26	Procedimiento constructivo					
27	Certificados de calidad de materiales (concreto, cemento, acero, etc.)					
28	Ensayos de tracción del acero					
29	Protocolos de reparaciones					
30	Programación de actividades Y fundiciones semanal y juntas programadas					
31	verificación de entregables					
32	Emisión de certificado técnico de ocupación (CTO)					

Fuente. Elaboración propia.

GUÍA PARA SUPERVISIÓN TÉCNICA DE PROYECTOS DE CONSTRUCCIÓN

Formato 2

Formato para control de planos y registro.

FORMATO PARA CONTROL DE PLANOS Y REGISTRO
PROYECTO:
TIPO DE PLANO:
DISEÑADOR:
DIRECTOR DE OBRA:
SUPERVISOR TÉCNICO:

N°	CONTIENE	ESCALA DE DIBUJO	VERSIÓN PREVIA	FECHA DEL CAMBIO	VERSIÓN ACTUAL	REVISIÓN POR PARTE DE LA SUPERVISIÓN TÉCNICA			TIPO DE PLANO MARQUE X	
						FECHA ENTREGA	FECHA REVISIÓN	OBSERVACIÓN	CONSTRUCCIÓN	INFORMACIÓN
1										
2										
3										
4										
5										
6										
7										
8										
9										
10										

Fuente. Elaboración propia.

GUÍA PARA SUPERVISIÓN TÉCNICA DE PROYECTOS DE CONSTRUCCIÓN

Formato 3

Formato para verificación de criterios para control de planos.

FORMATO PARA VERIFICACIÓN DE CRITERIOS PARA CONTROL DE PLANOS

PROYECTO:

TIPO DE PLANO:
DISEÑADOR:
DIRECTOR DE OBRA:
SUPERVISOR TÉCNICO:

N°	CRITERIO DE VERIFICACIÓN	VERIFICACIÓN CUMPLE	VERIFICACIÓN NO CUMPLE	OBSERVACIÓN
1	Grado de definición completos o incompletos			
2	Definición de dimensiones, cotas y niveles,			
3	Consistencia entre las dimensiones, cotas y niveles,			
4	Consistencia entre las diferentes plantas, alzados, cortes, detalles y esquemas,			
5	Adecuada definición de las calidades de los materiales,			
6	Cargas de diseño debidamente estipuladas			
7	En casos especiales, instrucciones sobre obra falsa, procedimientos de control de la colocación del concreto, procedimientos de descimbrado, colocación del concreto, aditivos, tolerancias dimensionales, niveles de tensionamiento.			
8	Coordinación de los planos arquitectónicos con los demás planos técnicos			
9	Definición en los planos arquitectónicos del grado de desempeño de los elementos no estructurales, y			
10	En general, la existencia de todas las indicaciones necesarias para poder realizar la construcción de una forma adecuada con los planos del proyecto.			

Fuente. Elaboración propia.

Formato 4

Formato para revisión y control de especificaciones técnicas.

ITEM PRESUPUESTO	DESCRIPCIÓN	UNIDAD DE MEDIDA	OBSERVACIONES REALIZADAS POR LA SUPERVISION TECNICA E INTERVENTORIA
	ESPECIFICACIONES TECNICAS		

Fuente. Elaboración propia.

GUÍA PARA SUPERVISIÓN TÉCNICA DE PROYECTOS DE CONSTRUCCIÓN

Formato 5

Formato de especificación técnica.

ITEM N° XXX	XXXX. (ESCRIBIR AQUÍ NOMBRE DE LA ESPECIFICACIÓN TECNICA).
UNIDAD DE MEDIDA- (Escribir aquí unidad de medida).	
DESCRIPCION: (Escribir aquí descripción y alcance la especificación).	
PROCEDIMIENTO DE EJECUCION: (Escribir el procedimiento como se realizara la ejecución de la actividad).	
ENSAYOS A REALIZAR: (Escribir aquí los ensayos de control de calidad a realizar con su respectiva norma de referencia aplicable y criterios de aceptabilidad).	
MATERIALES: (Escribir los materiales que se utilizaran).	
HERRAMIENTAS Y EQUIPO. (Escribir las herramientas y el equipo que se utilizara).	
DESPERDICIOS Incluidos Si NO	**MANO DE OBRA** Incluida Si NO
REFERENCIAS Y OTRAS NORMAS O ESPECIFICACIONES: (Escribir aquí las normas de referencia aplicables conforme a la actividad).	
MEDIDA Y FORMA DE PAGO: (Escribir forma en que se realizaran los pagos parciales de ejecución de obra de esta activad, definir tipo de divisa).	
OTROS. (Escribir los complementarios que se consideren relevantes).	

Fuente. Elaboración propia.

GUÍA PARA SUPERVISIÓN TÉCNICA DE PROYECTOS DE CONSTRUCCIÓN

Formato 6

Formato plan de control de calidad de una obra de construcción.

ETAPA DE OBRA	ACTIVIDAD	VARIABLE POR CONTROLAR	NORMA O DOCUMENTO DE REFERENCIA	MÉTODO DE VERIFICACIÓN	CRITERIO DE ACEPTACIÓN	FRECUENCIA	RESPONSABLE	REGISTRO
LOCALIZACIÓN Y REPLANTEO	Verificación de equipos							
	Localización planimétrica y altimétrica							
MOVIMIENTO DE TIERRAS	Excavación							
	Retiro de residuos de construcción y demolición							
	Rellenos							
ESTRUCTURAS EN CONCRETO	Concreto							
	Acero							

Fuente. Elaboración propia.

GUÍA PARA SUPERVISIÓN TÉCNICA DE PROYECTOS DE CONSTRUCCIÓN

Formato 7

Formato para registro, análisis y aceptación de los resultados de la muestra de concreto.

MUESTRAS DE LABORATORIO					b) >f'c-3.5	a) >f'c	CRIT. 2	CRIT. 1	ACEPTACION CUMPLE / NO CUMPLE	
N°	DESCR.	FECHA	RES. PROB. 1	RES. PROB. 2	PROM. CRITERIO 2	PROM. CRITERIO 1	F'c.-3,5 Mpa	F'c	CRIT. 1 >F'c	CRIT. 2 F'c-3,5 Mpa

Fuente. Elaboración propia.

GUÍA PARA SUPERVISIÓN TÉCNICA DE PROYECTOS DE CONSTRUCCIÓN

Formato 8

Formato para el control de calidad del Acero de Refuerzo Corrugado.

TIPO INSPEC. / PRUEBA / ENSAYO	FRECUENCIA	VARIABLE A CONTROLAR	ESPECIFICACIONES	DESIGNACION DE LA BARRA / ACERO DE REFUERZO / MALLA	CRITERIO DE ACEPTACION (NTC 2289, NTC 3353, NTC 2, NTC 1).	PROCEDENCIA N°1					
						UTILIZACION OBRA:					
						FECHA DE TOMA	FECHA DE ENTREGA		VALOR OBTENIDO	% CUMPLIMIENTO	ACEPTABILIDAD
Peso por Metro Lineal	Una vez por cada 200 toneladas para aceros de fabricación nacional y por cada 100 toneladas para aceros importados.	Peso por metro lineal Kg/m	NTC 2289, NTC 3353, NTC 2, NTC 1.	(1/4") N.2	(0,249 Kg/m)*94/100						
				(3/8") N.3	(0,560 Kg/m)*94/100						
				(1/2") N.4	(0,994 Kg/m)*94/100						
				(5/8") N.5	(1,552 Kg/m)*94/100						
				(6/8") N.6	(2,235 Kg/m)*94/100						
				(7/8") N.7	(3,042 Kg/m)*94/100						
				(8/8") N.8	(3,973 Kg/m)*94/100						
				(9/8") N.9	(5,060 Kg/m)*94/100						
				(10/8") N.10	(6,404 Kg/m)*94/100						
Diametro Equivalente	Una vez por cada 200 toneladas para aceros de fabricación nacional y por cada 100 toneladas para aceros importados.	Diametro equivalente pulgada (mm)	NTC 2289, NTC 3353, NTC 2, NTC 1.	(1/4") N.2	0,25" (6,35 mm)						
				(3/8") N.3	0,375" (9,5 mm)						
				(1/2") N.4	0,50" (12,7mm)						
				(5/8") N.5	0,625" (15,9 mm)						
				(6/8") N.6	0,75" (19,1 mm)						
				(7/8") N.7	0,875" (22,2 mm)						
				(8/8") N.8	1" (25,4 mm)						
				(9/8") N.9	1,128" (28,7 mm)						
				(10/8") N.10	1,27" (32,3 mm)						

Fuente. Elaboración propia.

Continuación

Formato 8

Formato para el control de calidad del Acero de Refuerzo Corrugado.

Espaciamiento de los Resaltes	Una vez por cada 200 toneladas para aceros de fabricación nacional y por cada 100 toneladas para aceros importados.	Promedio máximo del espaciamiento. No puede exceder mas de 7/10 del diametro nominal de la barra. Pulgadas (mm)	NTC 2289, NTC 3353, NTC 2, NTC 1.	(1/4") N.2	0,175" (4,45 mm)					
				(3/8") N.3	0,262" (6,7 mm)					
				(1/2") N.4	0,350" (8,9 mm)					
				(5/8") N.5	0,437" (11,1 mm)					
				(6/8") N.6	0,525" (13,3 mm)					
				(7/8") N.7	0,612" (15,5 mm)					
				(8/8") N.8	0,700" (17,8 mm)					
				(9/8") N.9	0,790" (20,1 mm)					
				(10/8") N.10	0,889" (22,6 mm)					
Separacion de los Resaltes	Una vez por cada 200 toneladas para aceros de fabricación nacional y por cada 100 toneladas para aceros importados.	Separación entre los extremos de los resaltes. Según numero de designacion de la barra, (Maximo 12,5% del perimetro nominal de la barra). Pulgadas (mm)	NTC 2289, NTC 3353, NTC 2, NTC 1.	(1/4") N.2	0,098" (2,49 mm) Max 12,5% Pb					
				(3/8") N.3	0,143" (3,6 mm) Max 12,5% Pb					
				(1/2") N.4	0,191" (4,9 mm) Max 12,5% Pb					
				(5/8") N.5	0,239" (6,1 mm) Max 12,5% Pb					
				(6/8") N.6	0,286" (7,3 mm) Max 12,5% Pb					
				(7/8") N.7	0,334" (8,5 mm) Max 12,5% Pb					
				(8/8") N.8	0,383" (9,7 mm) Max 12,5% Pb					
				(9/8") N.9	0,431" (10,9 mm) Max 12,5% Pb					
				(10/8") N.10	0,487" (12,4 mm) Max 12,5% Pb					

Fuente. Elaboración propia.

GUÍA PARA SUPERVISIÓN TÉCNICA DE PROYECTOS DE CONSTRUCCIÓN

Continuación

Formato 8

Formato para el control de calidad del Acero de Refuerzo Corrugado.

Altura de los Resaltes	Una vez por cada 200toneladas para aceros de fabricación nacional y por cada 100toneladas para aceros importados.	Promedio mínimo de altura. Pulgadas (mm)	NTC 2289, NTC 3353, NTC 2, NTC 1.	(1/4") N.2	0,010" (0,25 mm)					
				(3/8") N.3	0,015" (0,38 mm)					
				(1/2") N.4	0,020" (0,51 mm)					
				(5/8") N.5	0,028" (0,71 mm)					
				(6/8") N.6	0,038" (0,97 mm)					
				(7/8") N.7	0,044" (1,12 mm)					
				(8/8") N.8	0,050" (1,27 mm)					
				(9/8") N.9	0,056" (1,42 mm)					
				(10/8") N.10	0,064" (1,63 mm)					
Resistencia a la Traccion	Una vez por cada 200 toneladas para aceros de fabricación nacional y por cada 100 toneladas para aceros importados.	Resistencia a la Traccion Mpa	NTC 2289, NTC 3353, NTC 2, NTC 1.	(1/4") N.2	Minimo 550 Mpa (80,000 Psi). >=1,25 veces la resistencia a la fluencia.					
				(3/8") N.3	Minimo 550 Mpa (80,000 Psi). >=1,25 veces la resistencia a la fluencia.					
				(1/2") N.4	Minimo 550 Mpa (80,000 Psi). >=1,25 veces la resistencia a la fluencia.					
				(5/8") N.5	Minimo 550 Mpa (80,000 Psi). >=1,25 veces la resistencia a la fluencia.					
				(6/8") N.6	Minimo 550 Mpa (80,000 Psi). >=1,25 veces la resistencia a la fluencia.					

				(7/8") N.7	Minimo 550 Mpa (80,000 Psi). >=1,25 veces la resistencia a la fluencia.					
				(8/8") N.8	Minimo 550 Mpa (80,000 Psi). >=1,25 veces la resistencia a la fluencia.					
				(9/8") N.9	Minimo 550 Mpa (80,000 Psi). >=1,25 veces la resistencia a la fluencia.					
				(10/8") N.10	Minimo 550 Mpa (80,000 Psi). >=1,25 veces la resistencia a la fluencia.					

Fuente. Elaboración propia.

Continuación

Formato 8

Formato para el control de calidad del **Acero de** Refuerzo Corrugado.

Esfuerzo de Fluencia	Una vez por cada 200 toneladas para aceros de fabricación nacional y por cada 100 toneladas para aceros importados.	Resistencia a la Fluencia Mpa	NTC 2289, NTC 3353, NTC 2, NTC 1.	(1/4") N.2	Minimo 420 Mpa (60,000 Psi). Maximo 540 Mpa (78,000 Psi).					
				(3/8") N.3	Minimo 420 Mpa (60,000 Psi). Maximo 540 Mpa (78,000 Psi).					
				(1/2") N.4	Minimo 420 Mpa (60,000 Psi). Maximo 540 Mpa (78,000 Psi).					
				(5/8") N.5	Minimo 420 Mpa (60,000 Psi). Maximo 540 Mpa (78,000 Psi).					
				(6/8") N.6	Minimo 420 Mpa (60,000 Psi). Maximo 540 Mpa (78,000 Psi).					
				(7/8") N.7	Minimo 420 Mpa (60,000 Psi). Maximo 540 Mpa (78,000 Psi).					
				(8/8") N.8	Minimo 420 Mpa (60,000 Psi). Maximo 540 Mpa (78,000 Psi).					
				(9/8") N.9	Minimo 420 Mpa (60,000 Psi). Maximo 540 Mpa (78,000 Psi).					

				(10/8") N.10	Minimo 420 Mpa (60,000 Psi). Maximo 540 Mpa (78,000 Psi).					
Relacion traccion / fluencia	Una vez por cada 200toneladas para aceros de fabricación nacional y por cada 100toneladas para aceros importados.	Relacion traccion / Fluencia	NTC 2289, NTC 3353, NTC 2, NTC 1.	(1/4") N.2	>=1,25 veces la resistencia a la fluencia.					
				(3/8") N.3	>=1,25 veces la resistencia a la fluencia.					
				(1/2") N.4	>=1,25 veces la resistencia a la fluencia.					
				(5/8") N.5	>=1,25 veces la resistencia a la fluencia.					
				(6/8") N.6	>=1,25 veces la resistencia a la fluencia.					
				(7/8") N.7	>=1,25 veces la resistencia a la fluencia.					
				(8/8") N.8	>=1,25 veces la resistencia a la fluencia.					
				(9/8") N.9	>=1,25 veces la resistencia a la fluencia.					
				(10/8") N.10	>=1,25 veces la resistencia a la fluencia.					
Doblamiento	Una vez por cada 200 toneladas para aceros de fabricación nacional y por cada 100 toneladas para aceros importados.	Selección de mandril de acuerdo al diametro de la probeta, sin que presente agrietamiento en radio exterior de zona dobada	NTC 2289, NTC 3353, NTC 2, NTC 1.	(1/4") N.2						
				(3/8") N.3	3d					
				(1/2") N.4	3d					
				(5/8") N.5	3d					
				(6/8") N.6	4d					
				(7/8") N.7	4d					
				(8/8") N.8	4d					
				(9/8") N.9	6d					
				(10/8") N.10	6d					

Fuente. Elaboración propia.

Formato 9

Formato para el control de calidad de las Mallas.

TIPO INSPEC. / PRUEBA / ENSAYO	FRECUENCIA	VARIABLE A CONTROLAR	ESPECIFICACIONES	DESIGNACION DE LA BARRA / ACERO DE REFUERZO / MALLA	CRITERIO DE ACEPTACION (NTC 2289, NTC 3353, NTC 2, NTC 1).	PROCEDENCIA N°1					
						UTILIZACION OBRA:				
						FECHA DE TOMA	FECHA DE ENTREGA	VALOR OBTENIDO	% CUMPLIMIENTO	ACEPTABILIDAD
Tension	Se debe realizar un ensayo de tension y un ensayo de doblamiento por cada 7000 m2 de malla electrosoldada o fraccion remanente de ella. Recomendable realizar a cada lote o pedido que llegue a la obra.	Resistencia a la tension	NTC 5806	Malla electrosoldada según designación	550 MPa a la tension minimo y 485 Mpa de fluencia minimo, parametros establecidos en especificaciones de la NTC 5806.					
Doblamiento		Selección de mandril de acuerdo al diametro de la probeta, sin que presente agrietamiento en radio exterior de zona dobada		Malla electrosoldada según designación	No debe presentar fisuras, quiebres, agrietamientos ni defectos superficiales.					
Cortante	Se debe realizar un ensayo por cada 28000 m2 de malla electrosoldada. Recomendable realizar a cada lote o pedido que llegue a la obra.	Esfuerzo cortante		Malla electrosoldada según designación	Cumplir lo especificado en el numeral 8.3 de la norma NTC 5806 / ASTM A-1064					

Fuente. Elaboración propia.

Formato 10

Formato de control de calidad Composición Química del acero de refuerzo.

TIPO INSPEC. / PRUEBA / ENSAYO	FRECUENCIA	VARIABLE A CONTROLAR	ESPECIFICACIONES	DESIGNACION DE LA BARRA / ACERO DE REFUERZO / MALLA	CRITERIO DE ACEPTACION (NTC 2289, NTC 3353, NTC 2, NTC 1).	PROCEDENCIA N°1					
						UTILIZACION OBRA:					
						FECHA DE TOMA	FECHA DE ENTREGA	VALOR OBTENIDO	% CUMPLIMIENTO	ACEPTABILIDAD	
Carbono	Una vez por cada 200 toneladas para aceros de fabricación nacional y por cada 100 toneladas para aceros importados.	Composicion quimica	ASTM A-751	Acero de refuerzo / Malla electrosoldada según designación.	Maximo 0,30%						
Manganeso				Acero de refuerzo / Malla electrosoldada según designación.	Maximo 1,50%						
Fosforo				Acero de refuerzo / Malla electrosoldada según designación.	Maximo 0,035%						
Azufre				Acero de refuerzo / Malla electrosoldada según designación.	Maximo 0,045%						
Silicio				Acero de refuerzo / Malla electrosoldada según designación.	Maximo 0,50%						
Cobre, Niquel, Cromo, Molibdeno, Vanadio				Acero de refuerzo / Malla electrosoldada según designación.	% C.E = % C + % Mn/6 + % Cu/40 + % Ni/20 + % Cr/10 - % Mo/50 - % V/10. **Maximo 0.55%**						
Carbono equivalente				Acero de refuerzo / Malla electrosoldada según designación.							

Fuente. Elaboración propia.

Formato 11

Formato para análisis de resultados material de relleno tipo suelos adecuados, Roca Muerta.

ID	TIPO INSPEC. / PRUEBA / ENSAYO	FRECUENCIA	VARIABLE A CONTROLAR	ESPECIFICACIONES	CRITERIO DE ACEPTACION (SUELOS ADECUADOS)	PROCEDENCIA N°1				
						UTILIZACION EN OBRA:				
						FECHA TOMA DE MUESTRA	FECHA DE ENTREGA	VALOR OBTENIDO	% CUMPLIMIENTO	ACEPTABILIDAD
1	Granulometría	Al establecer o cambiar la fuente de materiales / Una vez cada 15 días	Tamaño máximo	Granulometría INV E -123-13 / Articulo 610 tabla 610.1 Invias 2013	100 mm					
2	Granulometría	Al establecer o cambiar la fuente de materiales / Una vez cada 15 días	% pasa tamiz # 10	Granulometría INV E -123-13 / Articulo 610 tabla 610.1 Invias 2013	<= 80% en peso					
3	Granulometría	Al establecer o cambiar la fuente de materiales / Una vez cada 15 días	% pasa tamiz # 200	Granulometría INV E -123-13 / Articulo 610 tabla 610.1 Invias 2013	<= 35% en peso					
4	Limite Liquido	Al establecer o cambiar la fuente de materiales / Una vez cada 15 días	Limite Liquido	Limite Liquido INV E -125-13 / Articulo 610 tabla 610.1 Invias 2013	<= 40%					
5	Índice de plasticidad	Al establecer o cambiar la fuente de materiales / Una vez cada 15 días	Índice de plasticidad	Índice de Plasticidad INV E -126-13 / Articulo 610 tabla 610.1 Invias 2013	<= 15% ó de acuerdo a estudio de suelos del proyecto					
6	Contenido de materia orgánica	Al establecer o cambiar la fuente de materiales / Una vez cada 15 días	Materia orgánica	Contenido de materia orgánica INV-E 121-13 / Articulo 610 tabla 610.1 Invias 2013	<= 1,0%					
7	CBR	Al establecer o cambiar la fuente de materiales / Una vez cada 15 días	CBR Laboratorio	CBR INV-E 148-13 / Articulo 610 tabla 610.1 Invias 2013	>= 5,0%					

Fuente. Elaboración propia.

Continuación

Formato 11

Formato para análisis de resultados material de relleno tipo suelos adecuados, Roca Muerta.

8	CBR	Al establecer o cambiar la fuente de materiales / Una vez cada 15 días	CBR Expansión	CBR INV-E 148-13 / Articulo 610 tabla 610.1 Invias 2013	<= 2,0%					
9	Densidad seca máxima	Semanal	Densidad seca máxima	Densidad seca máxima INV-E 142-13 / Articulo 610 tabla 610.1 Invias 2013	Valor a reportar					
10	Índice de Colapso	Al establecer o cambiar la fuente de materiales / Una vez cada 15 días	% de Colapso	Medida del potencial de colapso de un suelo parcialmente saturado INV-E 157-13 /Articulo 610 tabla 610.1 Invias 2013	<= 2.0%				.	
11	Contenido de Sales Solubles	Al establecer o cambiar la fuente de materiales / Una vez cada 15 días	% de Sales solubles	Determinación del contenido de sales solubles en los suelos INV-E 158-13 / Articulo 610 tabla 610.1 Invias 2013	<= 0.2%					

Fuente. Elaboración propia.

GUÍA PARA SUPERVISIÓN TÉCNICA DE PROYECTOS DE CONSTRUCCIÓN

Formato 12

Formato determinación franjas granulométricas material granular tipo SBG y BG.

TIPO DE GRADACION	TAMIZ (mm/U.S. Stadard)									
	50	37,5	25	20	12,5	9,5	4,75	2	0,425	0,075
	2"	1 1/2"	1"	3/4"	1/2"	3/8"	N°4	N°10	N°40	N°200
	% PASA									
SBG-50	100	70-95	60-90		45-75	40-70	25-55	15-40	6-25	2-15
RESULTADO ENSAYO										
ACEPTACIÓN										
SBG-38		100	75-95		55-85	45-75	30-60	20-45	8-30	2-15
RESULTADO ENSAYO										
ACEPTACIÓN										
SBG-20				100	60-87	50-80	35-65	24-49	8-30	2-15
RESULTADO ENSAYO										
ACEPTACIÓN										
BG-38		100	70-100		60-90	45-75	30-60	20-45	10-30	5-15
RESULTADO ENSAYO										
ACEPTACIÓN										
BG-25			100		70-100	50-80	35-65	20-45	10-30	5-15
RESULTADO ENSAYO										
ACEPTACIÓN										
TOLERANCIA EN PRODUCCION SOBRE LA FORMULA DE TRABAJO	0%	7%					6%			3%

Fuente. Elaboración propia.

GUÍA PARA SUPERVISIÓN TÉCNICA DE PROYECTOS DE CONSTRUCCIÓN

Formato 13

Formato para análisis de resultados material de relleno tipo SBG - BG, Sub Base Granular, Base Granular.

N°	TIPO INSPEC. / PRUEBA / ENSAYO	FRECUENCIA	VARIABLE A CONTROLAR	ESPECIFICACIONES	CRITERIO DE ACEPTACION	PROCEDENCIA N°1					
						UTILIZACION EN OBRA:					
						FECHA DE TOMA (d/m/a)	FECHA DE ENTREGA (d/m/a)	VALOR OBTENIDO	% CUMPLIMIENTO	ACEPTABILIDAD	
1	Granulometria	Al establecer o cambiar la fuente de materiales / Una vez cada 15 días	Granulometria	Analisis granulométrico de los agregados grueso y fino INV E 213-13 Determinación de la cantidad de material que pasa el tamiz No.200 en los agregados petreos mediante lavado	Subbase granular tipo INV-320-13 (SBG-50) ó Base granular tipo INV-330-13 (BG-38)						
2	Limite liquido	Al establecer o cambiar la fuente de materiales / Una vez cada 15 días	Limite Liquido NT3	Limite liquido INV E 125-13	<=25%						
3	Indice de plasticidad	Al establecer o cambiar la fuente de materiales / Una vez cada 15 días	Indice de plasticidad NT 3	Indice de plasticidad INV E 125 y 126-13	<=6%						
4	Equivalente de arena %	Al establecer o cambiar la fuente de materiales / Una vez cada 15 días	Equivalente de Arena NT3	Equivalente de arena INV E 133-13	>=25%						
5	Contenido de terrones de arcilla y partículas deleznables	Al establecer o cambiar la fuente de materiales / Una vez cada 15 días	Terrones arcilla NT3	Terrones arcilla INV E 211-13	<=2%						
6	Perdidas en ensayo de solidez en sulfatos %	Al establecer o cambiar la fuente de materiales / Una vez cada 15 días	Sulfato de sodio NT3	Solidez INV E 220-13	<=12%						
7	Perdidas en ensayo de solidez en sulfatos %	Al establecer o cambiar la fuente de materiales / Una vez cada 15 días	Sulfato de Magnesio NT3	Solidez INVE 220-13	<=18%						

Fuente. Elaboración propia.

Continuación

Formato 13

Formato para análisis de resultados material de relleno tipo SBG - BG, Sub Base Granular, Base Granular.

8	Desgaste en la maquina de los angeles	Al establecer o cambiar la fuente de materiales / Una vez cada 15 días	Maquina de los angeles 500 Rev NT3	Desgaste maquina de los angeles INV E 218-13	<=50%					
9	Degradacion por abrasion en equipo Micro-Deval	Al establecer o cambiar la fuente de materiales / Una vez cada 15 días	Equipo Micro-Devalb NT3	Degradacion por abrasion en equipo Micro-Deval INV E 238-13	<=30%					
10	CBR	Al establecer o cambiar la fuente de materiales / Una vez cada 15 días	Resistencia material CBR NT3	CBR INV E 148-13	>=30%					
11	Densidad seca maxima	Semanal	Densidad seca maxima	Densidad seca maxima INV-E 142-13	Valor a reportar g/cm3					

Fuente. Elaboración propia.

Formato 14

Formato para análisis de anclajes de soportes elementos no estructurales.

	FORMATO PARAMETROS PAARA CHEQUEO DE ANCLAJE ELEMENTO NO ESTRUCTURAL											CHEQUEO ELEMENTO DE SOPORTE N° ( )	
	Aceleración en el punto de soporte del elemento, ax	Coeficiente de ampliación dinámica del ENE	Coeficiente de capacidad de disipación de energía Tablas A.9.5-1 y A.9.6.1	Aceleración debida a la gravedad: 9.81 m/s2	Masa del elemento no estructural	Coeficiente de aceleración horizontal pico efectiva para diseño dado en A.2.2.	Coeficiente de importancia dado en A.2.5.2	Fuerza Sísmica Horizontal sobre el ENE $Fp=[((ax*ap)/Rp)*g*Mp]$		FUERZAS SÍSMICAS DE DISEÑO (A.9.4-1)	CHEQUEO Fp ecuación (A.9.4-1)		
DESCRIPCION	ax	ap	Rp	g (m/s2)	Mp (Kg/ml)	Aa	I	Fp (Kg)	Fp (Lb)	(Aa*I)/2 *g*Mp	$Fp=[(ax*ap)/Rp)*g*Mp] \geq [((Aa*I)/2)*g*Mp]$	CARGA Max. Kg CHAZO PLASTICO + TORNILLO Kg	ACEPTABILIDAD

Fuente. Elaboración propia.

GUÍA PARA SUPERVISIÓN TÉCNICA DE PROYECTOS DE CONSTRUCCIÓN

Formato 15

Formato para Bitácora de Obra.

	BITÁCORA DE OBRA	
	INSTALACIONES HIDROSANITARIAS	FOLIO:
		HOJA PORTADA
DATOS DE LA OBRA		
PROYECTO:		
LOCALIZACIÓN:		
No. DE CONTRATO:		
OBJETO:		
FECHA DE INICIO:	PROGRAMADA:	REAL:
FECHA DE CONCLUSIÓN:	PROGRAMADA:	REAL:
DATOS DEL CONSTRUCTOR, CONTRATISTA E INTERVENTOR		
CONSTRUCTORA:		
CONTRATISTA:		
SUPERVISION TÉCNICA:		
RESPONSABLES EN LA OBRA		
DE LA CONSTRUCTORA:	DEL CONTRATISTA:	DE LA SUPERVISION TECNICA:
NOMBRE, CARGO Y FIRMA	NOMBRE, CARGO Y FIRMA	NOMBRE, CARGO Y FIRMA
QUIENES MANIFIESTAN DE CONFORMIDAD, LLEVAR LA PRESENTE BITÁCORA POR UNANIMIDAD		

Fuente. Elaboración propia.

Continuación.

Formato 15

Formato Bitácora de Obra.

ANOTACIONES			
No. DE CONTRATO:			
FOLIO:			
No. DE NOTA	FECHA	TIPO DE NOTA	NOTAS Y CROQUIS
REVISIÓN DE ANOTACIONES			

CONSTRUCTORA	CONTRATISTA	SUPERVISION TECNICA
NOMBRE, CARGO Y FIRMA	NOMBRE, CARGO Y FIRMA	NOMBRE, CARGO Y FIRMA

Fuente. Elaboración propia.

Formato 16

Formato de Certificación Técnica de Ocupación CTO del Supervisor Técnico Independiente.

CERTIFICACIÓN TÉCNICA DE OCUPACIÓN	
a). DECLARACION JURAMENTADA POR PARTE DEL SUPERVISOR TÉCNICO INDEPENDIENTE	
Yo **(NOMBRE DEL SUPERVISOR TECNICO INDEPENDIENTE)** identificado con Cedua de ciudadania N° **(XXXX)** de **(XXXX)** representante de la empresa **(NOMBRE DE LA EMPRESA)** Identificada con Nit: **(XXXX)**, declaro, bajo la gravedad de juramento, y como **Supervisor Técnico Independiente** certifico que la obra **(NOMBRE DE LA OBRA)** contó con una Supervisión Técnica Independiente y que la construcción de la cimentación, la estructura y los elementos no estructurales de la edificación se ejecutó de conformidad con los planos, diseños y especificaciones técnicas estructurales y geotécnicas exigidas por el Reglamento NSR-10 y aprobadas en la respectiva licencia de construcción. .	
Conforme a esto, se manifiesta que la construcción de la estructura y elementos no-estructurales se realizó de acuerdo al nivel de calidad requerido y especificado mediante los siguientes controles:	
CONTROL DE PLANOS: Se constató la existencia de todos los planos necesarios para la construcción de cada elemento que constituye la estructura.	
CONTROL DE ESPECIFICACIONES: La construcción se llevo a cabo cumpliendo las especificaciones técnicas contenidas dentro de la Norma para cada uno de los materiales utilizados, además de las especificaciones particulares contenidas en los planos y las emanadas por los diseñadores.	
CONTROL DE MATERIALES: Se verificó que los materiales utilizados para la construcción cumplieran con los requisitos generales y las normas técnicas de calidad que exige la NSR-10. Además, se monitoreo constantemente los resultados obtenidos de los mismos.	
CONTROL DE CALIDAD Se realizaron los ensayos a los materiales y productos terminados conforme a lo estipulado en los planos y en la NSR-10.	
CONTROL DE LA EJECUCIÓN: Se verificó que la obra se ha ejecutado de acuerdo a los planos, especificaciones y requisitos de construcción dados por la NSR-10.	
ELEMENTOS NO ESTRUCTURALES: Se verificó que el grado de desempeño de los elementos no-estructurales sea acorde con el grupo de uso que va a tener la edificación y se conservo el criterio de diseño del diseñador de elementos no-estructurales.	
b). RESPECTO AL SUPERVISOR TÉCNICO INDEPENDIENTE	
NOMBRE y APELLIDO:	**(XXXX)**
FECHA Y LUGAR DE NACIMEINTO:	**(XXXX)**
CEDULA DE CIUDADANIA:	**(XXXX)**
PROFESION:	**(XXXX)**
MATRICULA PROFESIONAL No.:	**(XXXX)**
CONSEJO PROFESIONALI:	**(XXXX)**
DIRECCION PARA NOTIFICACIÓN:	**(XXXX)**
TELEFONO Y/Ó CELULAR:	**(XXXX)**
DIRECCION ELECTRÓNICA:	**(XXXX)**
c). RESPECTO AL PROYECTO OBJETO DE CERTIFICACIÓN:	
PROYECTO: **(XXXX)**	NUMERO DE SOTANOS: **(XXXX)**
CONTRATO No.: **(XXXX)**	AREA DE CONSTRUCCIÓN: **(XXXX)**
OBJETO: **(XXXX)**	AREA TOTAL PRIVADA: **(XXXX)**
CONSTRUCTOR: **(XXXX)**	AREA TOTAL COMUNAL: **(XXXX)**
NOMBRE DEL PROPIETARIO: **(XXXX)**	NUMERO DE UNIDADES INDEPENDENTES DE VIVIENDA: **(XXXX)**
DIRECCION: **(XXXX)**	NUMERO DE UNIDADES PRIVADAS CON USO DIFERENTE A VIVIENDA : **(XXXX)**
MUNICIPIO Ó DISTRITO: **(XXXX)**	NUMERO DE PARQUEOS PRIVADOS : **(XXXX)**
AREA DEL LOTE: **(XXXX)**	NUMEROS DE PARQUEOS COMUNALES : **(XXXX)**
NUMERO DE PISOS: **(XXXX)**	NUMERO DE PARQUEOS DE VISITANTES : **(XXXX)**

Fuente. Elaboración propia.

GUÍA PARA SUPERVISIÓN TÉCNICA DE PROYECTOS DE CONSTRUCCIÓN

Continuación.

Formato 16

Formato de Certificación Técnica de Ocupación CTO del Supervisor Técnico Independiente.

d). RESPECTO A LA LICENCIA DE CONSTRUCCIÓN	
LICENCIA DE CONSTRUCCIÓN No. :	(XXXX)
FECHA DE EXPEDICIÓN :	(XXXX)
CURADURÍA, ENTIDAD MUNICIPAL O DISTRITAL QUE EXPIDE :	(XXXX)
MODIFICACIONES A LICENCIA:	SI ( ) NO ( )
OBJETO DE MODIFICACION DE LIENCIA:	(XXXX)

e). RESPECTO A LOS PROFESIONALES QUE SUSCRIBEN LA LICENCIA DE CONSTRUCCIÓN	
FIRMA	FIRMA
NOMBRE y APELLIDO: (XXXX)	NOMBRE y APELLIDO: (XXXX)
PROFESION: (XXXX)	PROFESION: (XXXX)
MATRICULA PROFESIONAL No.: (XXXX)	MATRICULA PROFESIONAL No.: (XXXX)
DISEÑADOR ARQUITECTONICO	**DISEÑADOR ESTRUCTURAL**
FIRMA	FIRMA
NOMBRE y APELLIDO: (XXXX)	NOMBRE y APELLIDO: (XXXX)
PROFESION: (XXXX)	PROFESION: (XXXX)
MATRICULA PROFESIONAL No.: (XXXX)	MATRICULA PROFESIONAL No.: (XXXX)
INGENIERO GEOTECNISTA	**DISEÑADOR SISMICO DE ELEMENTOS NO ESTRUCTURALES**
FIRMA	FIRMA
NOMBRE y APELLIDO: (XXXX)	NOMBRE y APELLIDO: (XXXX)
PROFESION: (XXXX)	PROFESION: (XXXX)
MATRICULA PROFESIONAL No.: (XXXX)	MATRICULA PROFESIONAL No.: (XXXX)
DIRECTOR DE LA CONSTRUCCIÓN	**SUPERVISOR TECNICO INDEPENDIENTE**

f). RESPECTO LOS PLANOS UTILIZADOS EN LA CONSTRUCCIÓN	
PLANOS ARQUITECTONICOS	
CANTIDAD:	(XXXX)
FECHA DE ELABORACION:	(XXXX)
AUTOR:	(XXXX)
LICENCIA DE CONSTRUCCION:	(XXXX)
OBSERVACIONES:	(XXXX)
PLANOS ESTRUCTURALES	
CANTIDAD:	(XXXX)
FECHA DE ELABORACION:	(XXXX)
AUTOR:	(XXXX)
LICENCIA DE CONSTRUCCION:	(XXXX)
OBSERVACIONES:	(XXXX)
ESTUDIO GEOTECNICO	
CANTIDAD:	(XXXX)
FECHA DE ELABORACION:	(XXXX)
AUTOR:	(XXXX)
LICENCIA DE CONSTRUCCION:	(XXXX)
OBSERVACIONES:	(XXXX)
DECLARACION DE FIRMA Y AUTORIZACION DE PLANOS RECORD:	
Yo **(NOMBRE DEL SUPERVISOR TECNICO)** identificado con documento de identidad N° **(XXXX)** de **(XXXX)** declaro mediante el presente que si revisé y autoricé con mi firma los planos finales de cimentación y estructura de la obra (planos récord), cuya cantidad, versión y nombre del respectivo diseñador, grado de desempeño, fecha de autorización se relacionan en el formato de registro de control de planos anexo a la presente Certificación Técnica de Ocupación CTO y licencia de construcción relacionada en la misma.	
OBSERVACIONES:	

Fuente. Elaboración propia.

GUÍA PARA SUPERVISIÓN TÉCNICA DE PROYECTOS DE CONSTRUCCIÓN

Continuación.

Formato 16

Formato de Certificación Técnica de Ocupación CTO del Supervisor Técnico Independiente.

g). RESPECTO A LAS FECHAS DE INICIACIÓN Y TERMINACIÓN DE LA SUPERVISIÓN TÉCNICA INDEPENDIENTE SOBRE LA CIMENTACIÓN, ESTRUCTURA Y LOS ELEMENTOS NO ESTRUCTURALES	
ACTA DE INICIO ST CIMENTACION:	(FECHA INICIO: día,mes,año)
ACTA DE TERMINACIÓN ST CIMENTACION:	(FECHA TERMINACION: día,mes,año)
ACTA DE INICIO ST ESTRUCTURA:	(FECHA INICIO: día,mes,año)
ACTA DE TERMINACIÓN ST ESTRUCTURA:	(FECHA TERMINACION: día,mes,año)
ACTA DE INICIO ST ELEMENTOS NO ESTRUCTURALES:	(FECHA INICIO: día,mes,año)
ACTA DE TERMINACIÓN ST ELEMENTOS NO ESTRUCTURALES:	(FECHA TERMINACION: día,mes,año)
h). ANEXOS	
1) Las actas de Supervisión Técnica Independiente suscritas por el Supervisor Técnico Independiente y el Director de Construcción.	
1.1. ACTA DE INICIO SUPERVISION TECNICA CIMENTACION	
1.2. ACTA DE INICIO SUPERVISION TECNICAESTRUCTURA	
1.3. ACTA DE INICIO SUPERVISION TECNICAELEMENTOS NO ESTRUCTURALES	
1.4. ACTA DE TERMINACION SUPERVISION TECNICA CIMENTACION	
1.5. ACTA DE TERMINACION SUPERVISION TECNICAESTRUCTURA	
1.6. ACTA DE TERMINACION SUPERVISION TECNICAELEMENTOS NO ESTRUCTURALES	
1.7. ACTAS DE COMITÉ DE OBRA SUPERVISION TECNICA	
2) Los planos finales de cimentación y estructura de la obra (planos record) suscritos por el Supervisor Técnico Independiente y el Director de Construcción.	
2.1. PLANOS AS BUILD ARQUITECTONICOS	
2.2. PLANOS AS BUILD ESTRUCTURALES	
2.3. PLANOS AS BUILD ELEMENTOS NO ESTRUCTURALES	
Para constancia se expide en la ciudad de **(XXXX)**, a los **(XX)** días del mes de **(XXXX)** del año de **(XXXX)**.	
FIRMA	
NOMBRE y APELLIDO: **(XXXX)**	
PROFESION: **(XXXX)**	
MATRICULA PROFESIONAL No.: **(XXXX)**	
SUPERVISOR TÉCNICO INDEPENDIENTE	

Fuente. Elaboración propia.

www.ingramcontent.com/pod-product-compliance
Lightning Source LLC
Chambersburg PA
CBHW080436220526
45465CB00014B/2258